“十二五”职业教育国家规划教材
经全国职业教育教材审定委员会审定

畜禽生产技术实训教程

——猪生产岗位技能实训分册

刘太宇　闫红军　主编

中国农业大学出版社
· 北京 ·

内容简介

内容分为6个项目，共19个任务，主要包括公猪生产与管理岗位技能、配种妊娠生产与管理岗位技能、产房生产与管理岗位技能、保育猪生产与管理岗位技能、生长育肥猪生产与管理岗位技能、猪生产保健与防疫岗位技能。本书内容与生产实际相结合，与岗位技术标准相对接，为学生零距离从事规模化猪场就业提供技术支撑和保障。

本书不仅可以作为高职高专院校畜牧兽医专业的教学用书，还可以作为中等职业技术学校相关教师的参考书和从事养猪生产的广大畜牧兽医科技人员、养猪生产企业相关的经营管理人员培训和学习用书。

图书在版编目(CIP)数据

畜禽生产技术实训教程：猪生产岗位技能实训分册/刘太宇，闫红军主编. —北京：中国农业大学出版社，2014.11

ISBN 978-7-5655-1080-9

Ⅰ.①畜… Ⅱ.①刘…②闫… Ⅲ.①畜禽-饲养管理-教材②养猪学-教材 Ⅳ.①S815②S828

中国版本图书馆CIP数据核字(2014)第218755号

书　　名　畜禽生产技术实训教程——猪生产岗位技能实训分册
作　　者　刘太宇　闫红军　主编

策划编辑　康昊婷　伍　斌　　**责任编辑**　田树君
封面设计　郑　川　　**责任校对**　陈　莹　王晓凤
出版发行　中国农业大学出版社
社　　址　北京市海淀区圆明园西路2号　　**邮政编码**　100193
电　　话　发行部 010-62818525,8625　　读者服务部 010-62732336
编辑部 010-62732617,2618　　出　版　部 010-62733440
网　　址　http://www.cau.edu.cn/caup　　**e-mail** cbsszs@cau.edu.cn
经　　销　新华书店
印　　刷　北京时代华都印刷有限公司
版　　次　2014年12月第1版　2014年12月第1次印刷
规　　格　850×1 168　32开本　4.75印张　118千字
定　　价　12.00元

中国农业大学出版社
“十二五”职业教育国家规划教材
建设指导委员会专家名单
（按姓氏拼音排列）

编审人员

主　编　刘太宇（河南牧业经济学院）
　　　　闫红军（杨凌职业技术学院）

副主编　徐秋良（河南牧业经济学院）
　　　　张文娟（咸阳职业技术学院）
　　　　饶　兵（信阳市动物疫病预防控制中心）

编　者　（以姓氏笔画排序）
　　　　刘太宇（河南牧业经济学院）
　　　　闫红军（杨凌职业技术学院）
　　　　张文娟（咸阳职业技术学院）
　　　　李步社（陕西石羊集团原种猪场）
　　　　胡传水（广西农业职业技术学院）
　　　　饶　兵（信阳市动物疫病预防控制中心）
　　　　徐秋良（河南牧业经济学院）
　　　　霍鸣新（兴平市星光良种猪繁养殖有限公司）

审　稿　杨和平（杨凌职业技术学院）
　　　　朱宽佑（河南牧业经济学院）

前言

养猪业在我国畜牧业乃至整个国民经济中占有十分重要的地位。随着我国集约化养猪业的发展,急需大量"精养殖、擅防治、会经营、能管理"的技术技能型人才。因此,养猪与猪病防治课程在畜牧兽医专业整个课程体系中处于培养专业技能的核心地位。养猪生产技术实训是养猪与猪病防治课程教学中的重要实践教学环节,通过现场教学和实践活动,使学生较全面了解和熟悉养猪生产中的主要生产技术及管理要点,增强对养猪生产的感性认识,为毕业生从事养猪生产及相关工作打下良好的基础。

本书按照《国家高等职业教育发展规划(2011—2015 年)》、《教育部关于"十二五"职业教育教材建设的若干意见》(教职成〔2012〕9 号)以及《高等职业学校专业教学标准(试行)》等文件精神和要求进行编写。本书依据"学中做、做中学"的人才培养原则,编写过程中力争使教材内容与生产实际相结合,与岗位技术标准相对接,按照养猪生产过程中的典型工作任务和不同工作岗位所必需的知识和技能,整书包括 6 个项目,19 个任务,主要包括公猪生产与管理岗位技能、配种妊娠生产与管理岗位技能、产房生产与管理岗位技能、保育猪生产与管理岗位技能、生长育肥猪生产与管理岗位技能、猪生产保健与防疫岗位技能。本书内容与生产实际相结合,与岗位技术标准相对接,为学生零距离从事规模化猪场就业提供技术支撑和保障。

本书是由学校与养猪企业合作完成的。刘太宇、闫红军任主编，徐秋良、张文娟和饶兵任副主编，胡传水、霍鸣新、李步社参与编写。其中，编写提纲由刘太宇、闫红军提出，项目一由刘太宇、霍鸣新编写，项目二由张文娟、闫红军、李步社编写，项目三由闫红军编写，项目四由胡传水、李步社编写，项目五由徐秋良、饶兵编写，项目六由闫红军、徐秋良、饶兵编写，书稿形成后，由闫红军负责统稿，张文娟负责校对，杨和平和朱宽佑两位教授审稿。

本书编写过程中，参阅了许多专家的研究成果和著作，本书的编写和出版工作，得到了中国农业大学出版社的大力支持和各参编单位的热心帮助，在此一并表示诚挚的谢意！

由于编写时间仓促，加之编者水平和经验所限，书中缺点和错误难免，敬请读者批评指正。

编　者

2014 年 1 月

目 录

项目一

公猪生产与管理岗位技能

工作目标

1. 提供丰富的营养使种公猪产生量多质优的精子。
2. 保证种公猪具有良好的体况，满足配种、采精的需求。
3. 按计划完成配种任务，确保全年均衡产仔。
4. 按操作标准做好采精与精液处理工作。

工作任务

任务一　公猪的饲养管理

一、种公猪的生产特点

种公猪的饲养目标是提供高质量的精液，优良种公猪则是获得大量优质仔猪的基础。在大规模猪场中,公猪的作用尤为重要。一头成年公猪在自然交配的情况下,可负担 25～30 头基础母猪的配种任务,若采用人工授精,则负担的母猪数可达 50～100 头以上。因此,加强种公猪的饲养管理,提高精液品质是搞好养猪生产的坚实基础。

养好公猪的标准是:使其具有良好的体质、充沛的精力、旺盛的性欲和配种能力,产生密度大、活力强、品质好的精子,具有中等或中等偏上的种用体况。因此,要保持种公猪合理饲养、合理管理与合理利用三者的平衡。

二、种公猪的合理饲养

(一)应给种公猪配制营养丰富的饲料

要使种公猪能正常发挥作用,最重要的一点就是要使种公猪有一个强壮而健康的体魄。

种公猪与其他家畜比较,具有射精量大、总精子数多、交配时间长等特点。猪精液中的干物质,其中 60％以上是蛋白质,其余的是矿物质、脂肪和各种有机浸出物,而形成精液的必需氨基酸有赖氨酸、色氨酸、胱氨酸、蛋氨酸等,尤其是赖氨酸更为重要。

因此,饲养中应配制营养丰富的公猪饲料,要求粗蛋白质达到 12％～14％,消化能达到 12.55 MJ/kg,钙 0.66％,磷0.53％,食盐 0.35％。各种维生素、微量元素应丰富。可参考种公猪饲养标准,采用多种饲料配制专用公猪料饲喂公猪。

饲粮需多样化搭配,尤其是搭配适量的优质蛋白质饲料,以平衡饲粮的氨基酸。并喂给少量的青饲料以补充维生素。采精和配种频率较高的公猪,喂料量增加 20％～25％,配种后加喂 2～3 个鸡蛋,对过肥或过瘦的公猪应酌情减料或加料,以保持公猪良好的体况。

(二)饲喂技术

(1)公猪的饲粮体积不宜过大,应以精料为主,防止垂腹。种公猪在非配种季节和配种季节的精料喂量分别是 2 kg/(头·d)和 3 kg/(头·d)。

(2)饲喂公猪要定时定量,日喂三次,每次八九成饱即可。

(3)采用生粉饲料干喂,合理供给饮水。也可采用湿拌料饲喂(料水比为 1∶0.8)。

(4)饲粮品质好,适口性强,防止饲料霉烂变质和含有有毒成分。

三、种公猪的科学管理

(一)适宜的运动

运动是保证公猪有旺盛性欲不可缺少的措施,它不仅可维持种公猪的正常生理代谢、提高精液数量与质量,还可以通过运动使身体各部分均匀发育,提高身体素质,防止肢蹄病,提高配种能力。

目前一些规模化养猪场的种公猪没有运动条件,又不进行驱赶运动,常造成公猪利用年限大大缩短。

(二)单圈饲养

公猪单圈饲养,可避免相互爬跨,减少干扰、刺激,有利于公猪健康。若圈舍条件的原因,可每圈饲养 2 头,但性成熟后必须单圈饲养。

(三)定期检查精液品质和称测体重

人工授精前,每次采精后都应进行精液品质的检查,并定期称测公猪体重,然后根据精液品质的好坏和体重变化来调整日粮的营养水平和公猪采精频率。

(四)建立良好的生活制度

饲喂、采精、配种、运动、刷拭等各项作业,均在固定的时间进行,利用条件反射养成规律性的生活制度,便于管理操作。

(五)搞好清洁卫生与刷拭

猪舍要干燥,清洁,通风良好,采光充分。有条件可每天对公猪进行刷拭。刷拭可保持猪体清洁,促进血液循环,减少皮肤病和外寄生虫病。

栏内地面不打滑,但必须排水良好以防止地面潮湿而导致蹄部及关节受损。

任务二　公猪的利用与精液处理

一、采精与精液处理

(一)公猪调教

瘦肉型后备公猪一般 4～5 月龄开始性发育,而 7～8 月龄进入性成熟。国内一般的养猪企业,后备公猪 6 月龄左右体重达 90～100 kg 时结束测定,此时是决定公猪去留的时间,但还不能进行采精调教。准备留作采精用的公猪,从 7～8 月龄开始调教,效果比从 6 月龄就开始调教要好得多,一是缩短调教时间;二是易于采精。英国的一项研究表明,10 月龄以下的公猪调教成功率为 92%,而 10～18 月龄的成年调教成功率仅为 70%,故调教时间也不能太晚。

进行后备公猪调教的工作人员,要有足够的耐心,遇到自己心情不好,时间不充足或天气不好的情况下不要进行调教,因这时心情不好的人容易将自己的坏心情强加于公猪身上而达到发泄的目的，导致调教失败。

对于不喜欢爬跨或第一次不爬跨的公猪，要树立其信心，多进行几次调教。不能动不动就打公猪或用粗鲁的动作干扰公猪。若调教人员态度温和，方法得当，调教时自己发出一种类似母猪叫声的声音或经常抚摸公猪，久而久之，调教人员的一举一动或声音都会成为公猪行动的指令，使其顺从地爬跨母猪台、射精和跳下母猪台。显然，一个成功的采精人员是和自己的素质分不开的。

调教时，应先调教性欲旺盛的公猪。公猪性欲的好坏，一般可通过咀嚼唾液的多少来衡量，唾液越多，性欲越旺盛。对于那些对假母猪台或母猪不感兴趣的公猪，可以让它们在旁边观望或在其他公猪配种时观望，以刺激其性欲的提高。

对于后备公猪，每次调教的时间一般不超过 15～20 min，每天可训练一次，但 1 周最好不要少于 3 次，直至爬跨成功。调教时间太长，容易引起公猪厌烦，起不到调教效果。调教成功后，1 周内每隔 1 天就要采精 1 次，以加强其记忆。以后，每周可采精 1 次，至 12 月龄后每周采 2 次，一般不要超过 3 次。

通常用的后备公猪调教的方法有如下几种。

1. 爬跨母猪台法

调教用的母猪台高度要适中，以 45～50 cm 为宜，可因猪体高不同而调节，最好使用活动式母猪台。调教前，先将其他公猪的精液或其胶体或发情母猪的尿液涂在母猪台上面，然后将后备公猪赶到调教栏，公猪一般闻到气味后，大都愿意啃、拱母猪台，此时，若调教人员再发出类似发情母猪叫声的声音，更能刺激公猪性欲的提高，一旦有较高的性欲，公猪慢慢就会爬母猪台了。如果有爬跨的欲望，但没有爬跨，最好第二天再调教。一般 1～2 周可调教成功。

2.爬跨发情母猪法

调教前，将一头发情旺期的母猪用麻袋或其他不透明物盖起来，不露肢蹄，只露母猪阴户，赶至母猪台旁边，然后将公猪赶来，让其嗅、拱母猪，刺激其性欲的提高。当公猪性欲高涨时，迅速赶走母猪，而将涂有其他公猪精液或母猪尿液的母猪台移过来，让公猪爬跨。一旦爬跨成功，第二三天就可以用母猪台进行强化了，这种方法比较麻烦，但效果较好。

无论哪种调教方法，公猪爬跨后一定要进行采精，不然，公猪很容易对爬跨母猪台失去兴趣。调教时，不能让两头或两头以上的公猪同时在一起，以免引起公猪打架等，影响调教的进行和造成不必要的经济损失。

(二)采精

经训练调教后的公猪，一般一周采精一次，12 月龄后，每周可增加至 2 次，成年后 2～3 次。在美国，10 月龄之前每周采精 1 次;10～15 月龄每 2 周采精 3 次;15 周龄以上每周采精 2 次。实践表明，一头成年公猪 1 周采精 1 次的精液量比采 3 次的低很多，但精子密度和活力却要好很多，因精子的发生大约需要 42 d 完成。采精过于频繁的公猪，精液品质差，密度小，精子活力低，母猪配种受胎率低，产仔数少，公猪的可利用年限短;经常不采精的公猪，精子在附睾贮存时间过长，精子会死亡，故采得的精液活精子少，精子活力差，不适合配种。故公猪采精应根据年龄按不同的频率采精。

无论采精多少次，一旦根据母猪的多少而定下来采精次数，那么采精的时间应有规律。比如，一头公猪按规定一周只在周三采一次，那么到下周一定要在周三采，依此类推;另一头公猪按规定在周二、周五各采精一次，到下周也要在周二、周五采，依此类推，不能随意更换时间。因为精子的形成和成熟，类似于人的生物钟，有一定的规律，一旦更改，便会影响精液的品质。

采精用的公猪的使用年限，美国一般为 1.5 年，更新率高；国内一般可用 2～3 年，但饲养管理要合理、规范。超过 4 年的老年公猪，由于精液品质逐渐下降，一般不予留用。

1. 采精前的准备

采精一般在采精室进行，并通过双层玻璃窗口与精液处理室联系，采精前应进行如下的准备。

(1)将盛放精液用的食品保鲜袋或聚乙烯袋放进采精用的保温杯中，工作人员只接触留在杯外的袋的开口出处，将袋口打开，环套在保温杯口边缘，并将消过毒的 4 层纱布罩在杯口上，用橡皮筋套住，连同盖子，放入 37℃的恒温箱中预热，冬季尤其应引起重视。采精时，拿出保温杯，盖上盖子，然后传递给采精室的工作人员；当处理室距采精室较远时，应将保温杯放入泡沫保温箱，然后带到采精室，这样做可以减少低温对精子的刺激。

(2)公猪的准备。采精之前，应将公猪尿囊中的残尿挤出，若阴毛太长，则要用剪刀剪短，防止操作时抓住阴毛和阴茎而影响阴茎的勃起，不利于采精。用水冲洗干净公猪全身特别是包皮部，并用毛巾擦干净包皮部，避免采精时残液滴入或流入精液中导致污染精液，也可以减少部分疾病传播给母猪，从而减少母猪子宫炎及其他生殖道或尿道疾病的发生，以提高母猪的情期受胎率和产仔数。

(3)采精室的准备。采精前先将母猪台周围清扫干净，特别是上次采精残留公猪精液中的胶体，一旦残落地面，公猪走动很容易打滑，易造成公猪扭伤而影响生产。安全区应避免放置物品，以利于采精人员因突发事情而转移到安全地方。采精室内避免积水、积尿，不能放置易倒或能发出较大响声的东西，以免影响公猪的射精。

2. 采精的方法

公猪精液的获得，一般有两种采取方法，即假阴道采精法和徒手采精法。但目前最常用的为后一种方法。

(1)假阴道采精法。即制造一个类似假阴道的工具，模拟母猪阴道内的压力、温度、湿润度来诱使公猪射精而获得精液的方法。

假阴道主要由阴道外筒、内胎、胶管漏斗、气嘴、双连球和集精杯等部分组成。外筒上面有一个小注水孔，可用来注入45～50℃的温水，主要用于调节假阴道内的温度，使其维持在38～40℃。再用润滑剂将内胎由外到内涂均匀，增加其润滑度，后用双连球进行充气，增大内胎的空气压力，使内胎具备类似母猪阴道壁的功能。假阴道一端为阴茎插入口，另一端则装一个胶管漏斗，以便将精液收集到集精杯内。

这种采精方法不只用在猪上，其他家畜采精时也有广泛的应用，它是一种历史较长的先进采精方法，过去很长时间内曾被国内外广泛采用。但这种方法使用起来比较麻烦，所需设备多，在现阶段猪人工授精技术普遍使用的情况下，显然不利于生产，故国内外目前使用范围不大。

(2)徒手采精法。这种方法目前在国内外养猪界被广泛应用，它是劳动人民智慧的结晶，是根据自然交配的原理而总结的一种简单、方便、可行的方法。该方法所需设备有采精杯、手套、纱布等，不需特制设备，操作简便。

这种方法的优点主要是可将公猪射精的前半段和中间较稀的精清弃掉，根据需要取得精液，缺点是公猪的阴茎刚伸出和抽动时，容易造成阴茎碰到母猪台而损伤龟头，或擦伤阴茎表皮，以及易污染精液。

具体做法如下：将采精公猪赶到采精室，先让其嗅、拱母猪台，工作人员用手抚摸公猪的阴部和腹部，以刺激其性欲的提高。当公猪性欲达到旺盛时，它将爬上母猪台，并伸出阴茎龟头来回抽动。此时，若采精人员用右手采精时，则要蹲在公猪的左侧，右手抓住公猪阴茎的螺旋头处，并顺势拉出阴茎，顺势稍微回缩，直至和公猪阴茎同时运动，左手拿采精杯；若用左手采精时，则要蹲在公猪的右侧，左手抓住阴茎，右手拿采精杯。这样做使采精人员面对公猪的头部，主要是能够注意到公猪的变化，防止公猪突然跳下时伤到采精人员。

无论用左手或右手，当握住公猪的阴茎时，都要注意用拇指和食指抓住阴茎的螺旋体部分，其余三个手指予以配合，像挤牛奶一样随着阴茎的勃动而有节律地捏动，给予公猪刺激。采精时，握阴茎的那只手一般要戴双层手套，最好是聚乙烯制品，用这种手套对精子杀伤力较小，当将公猪包皮内的尿液挤出后，应将外层手套去掉，以免污染精液或感染公猪的阴茎。

手握阴茎的力度，太大或大小都不行，应以不让其滑落并能抓住为准。用力太小，阴茎容易脱掉，采不到精；用力太大，一是容易损伤阴茎，二是公猪很难射出精液。公猪一旦开始射精，手应立即停止捏动，而只是握住阴茎，射精完后，应马上捏动，以刺激其再次射精。

当公猪射精时，一般射出的前面较稀的精清部分应弃去不要，当射出乳白色的液体时，即为浓精液，就要用采精杯收集起来，射精的过程中，公猪都会再次或多次射出较稀的精清和最后射出的较为稀薄的部分、胶体都应弃去不要。精液品质的好坏、量的多少只是其中的一个衡量指标，在相同的取舍方法下，关键要看精子的密度和活力的高低。初学者大都将公猪射出的较稀的精清和浓的精液全部收集起来计量，以此来衡量公猪的好坏，这是不恰当的。因为，同品种的不同公猪及不同品种的公猪在射精量和精子浓度方面都有个体的差异，尤以不同品种公猪之间较为突出，如大约克猪的射精量大，但浓度稀；杜洛克公猪的射精量小，但浓度高。因此，在相同的采精方法下，应以精子密度、活力为主进行评价，而精液量只是其中一个标准。

应注意的是，采精杯上套的 4 层过滤用纱布，使用前不能用水洗，若用水洗则要烘干，因水洗后，相当于采得的精液进行了部分稀释，即使水分含量较少，也将会影响精液的浓度。

采完精液后，公猪一般会自动跳下母猪台，但当公猪不愿下来时，可能是还要射精，故工作人员应有耐心。对于那些采精后不下来而又不射精的公猪，不要让它形成习惯，应赶它下母猪台。对于采得的精液，先将过滤纱布及上面的胶体丢掉，然后将卷在杯口的精液袋上部撕去（美国做法），或将上部扭在一起，放在杯外，用盖子盖住采精杯，迅速传递到精液处理室进行检查、处理。

（三）精液的检查与处理

精液的品质检查、稀释和保存，均在精液处理室进行，除了本室工作人员外，其他人员禁止入内。

1. 精液品质检查

由采精室递过来的精液，要马上进行鉴定，以便决定可否留用，从而保证母猪受胎率和产仔数的提高。精液检查的主要指标有：精液量、颜色、气味、精子密度、精子活力、酸碱度、黏稠度、畸形精子率等。每一份经过检查的公猪精液，都要有一份详细的检查记录，以备对比及总结。

检查前，将精液转移到在 37℃水浴锅内预热的烧杯中，或直接将精液袋放入 37℃水浴锅内保温，以免因温度降低而影响精子活力。整个检查操作要迅速、准确，一般在 5～10 min 内完成。

（1）精液量。后备公猪的射精量一般为 150～200 mL，成年公猪为 200～300 mL，有的高达 700～800 mL。精液量的多少因品种、品系、年龄、采精间隔、气候和饲养管理水平等不同而不同。

(2)颜色。正常精液的颜色为乳白色或灰白色，精子的密度越大，颜色愈白；越小，则越淡。如果精液颜色有异常，则说明精液不纯或公猪有生殖道病变，如呈绿色或黄绿色时则可能混有化脓性的物质；呈红色时则有新鲜血液；呈褐色或暗褐色时则有陈旧血液及组织细胞；呈淡黄色时则可能混有尿液等。凡发现颜色有异常的精液，均应弃去不用，同时，对公猪进行对症处理、治疗。

(3)气味。正常的公猪精液含有公猪精液特有的微腥味，这种腥味不同于鱼类的腥味，没有腐败恶臭的气味。有特殊臭味的精液一般混有尿液或其他异物，一旦发现，不应留用，并检查采精时是否有失误，以便下次纠正做法。

(4)酸碱度。可用 pH 试纸进行测定。公猪精液的酸碱度一般呈弱碱性或中性，其酸碱度与精子密度呈负相关的关系，pH 越接近中性或弱酸性，则精子密度越大，但过酸过碱都会影响精子的活力。

(5)黏稠度。精液黏稠度的高低，与精子密度密切相关，精子密度越高的精液，则黏稠度也高，精子密度小的精液，黏稠度也小。

(6)精子密度。它指每毫升精液中含有的精子量，它是用来确定精液稀释倍数的重要依据。正常公猪的精子密度为 2.0 亿～3.0 亿/mL，有的高达 5.0 亿/mL。精子密度的检查方法有以下几种。

①白细胞稀释吸管计数法：这种方法是用手动计数器和血细胞计数板来统计精子密度的。目前，在国内应用较多，成本低，计算较准确，但所用时间长，使用效率低。

主要做法是先用红细胞稀释吸管取精液到球下的0.5(稀释200倍)或1.0刻度处(稀释100倍),然后再吸取注射用生理盐水到膨大部上方的101刻度处,用两指(拇指和食指或中指)紧紧压住吸管的两端进行摇动混合均匀,吸取的过程中,不允许有空气混入吸管,以免影响准确度。摇匀后,将吸管末端的液体擦干,并去掉前几滴混合液,然后顺着盖有盖玻片的血细胞计数板的边缘,让混合液渗入到计数板内,再通过显微镜观察,用计数器点数,这种检查一般为总精子数。然后利用公式计算每毫升精子的密度。精子密度的计算公式为:

全方格内的精子数×10(厚度的倍数)×稀释倍数(100或200)×1 000=精子数/mL

②简单检查密度法:这种方法不用计数,用眼观察显微镜下精子的分布,精子所覆盖的面积大于空间面积的为“密”,小于空间面积的为“稀”,介于二者之间的为中等。一般只用密和中等的精液,稀的应弃去。这种方法简单,但对于不同检查人员而言,主观性强,误差较大,只能对精液品质进行粗略的评价,故大型养猪场一般不采用这种方法,只适应个体户或人工授精数量少的猪场。

③用精子密度仪计算精子密度:美国和欧洲等养猪业发达的国家和地区多采用这种方法,它极为方便,检查时间短,准确率高,使用寿命长,但价格较贵,一般国外进口都在1万元人民币以上,但若用国产分光光度计改装,也较为适用。

它有两种类型:一是德国的精子密度仪,它是将原精液滴一滴在一个一次性的特制塑料板上,然后通过仪器直接测量精子的密度,这种方法一般要先进行密度仪的校正;另一种是利用光电比色法,以精子对光通透性差为依据,用分光光度计读出一个数字,然后再根据事先制作好的标准曲线确定精子的密度。这两种类型都有一个缺点,就是会将精液中的异物按精子来计算。

用精子密度仪检查精子密度,将是国内外猪人工授精人员较好的选择。

(7)精子活力。精子活力的高低关系到配种母猪受胎率和产仔数的高低,因此,每次采精后及使用精液前,都要进行活力的检查,以便确定精液能否使用及如何正确使用。精子活力的检查必须用37℃左右的保温板,以维持精子的温度需要。一般先将载玻片和盖玻片放在保温板上预热至37℃左右后,再滴上精液,在显微镜下进行观察。若有条件,可在显微镜上配置一套摄像显示仪,将精子放大到电脑屏幕上进行观察。在我国精子活力一般采用10级制,即在显微镜下观察一个视野内的精子运动,若全部直线运动,则为1.0级;有90%的精子呈直线运动则活力为0.9;有80%的呈直线运动,则活力为0.8,依此类推。鲜精液的精子活力以高于0.7为正常,使用稀释后的精液,当活力低于0.6时,则应弃去不用。

(8)畸形精子率。畸形精子指断尾、断头、有原生质、头大、双头、双尾、折尾等精子,一般不能直线运动,虽受精能力较差,但影响精子的密度。若通过摄像显示仪观察,则很容易区分。若用普通显微镜观察,则需染色;若用位相差显微镜,则可直接观察。公猪的畸形精子率一般不能超过20%,否则应弃去。

2.精液的处理

经过检查的精液,差的弃去,留品质好的进行稀释处理。优良公猪利用率的高低,关键在于精液处理保存的好坏。处理后的精液和原精液相比,一是扩大了与配母猪头数,能迅速将优秀公猪基因推广开来;二是增加了精液的营养成分,有利于精液的保存;三是便于运输。

处理精液必须在恒温的环境中进行，检查品质后的精液和稀释液都要在37℃恒温下预热，二者温度上下不能超过1℃，否则会对精子造成应激。处理时，应严禁太阳光直射精液，因阳光对精子有一定的杀伤力。所用的稀释水应是经检查有害物质不超标的纯净水或蒸馏水，最好采用双蒸水，但因水源不同，精液中精子对不同品质的水有一定的选择性。稀释液一般要在采精前准备好，并进行预热。

(四)精液的稀释与分装

1. 稀释液的准备

稀释剂可自配或从专业公司购买，对于市售的稀释剂，要先进行试验，以观察效果的好坏，再决定是否大批量应用。在美国，很多场外公猪站都出售高质量的稀释剂，并多为粉状。对于原精液来说，稀释液一可以增加配种剂量；二可以提供足够的能量，以保证保存延长精子的寿命。

稀释剂有多种配方，分短期保存和长期保存稀释液，短效稀释剂一般要在3 d内使用，否则效果较差。长效的可保存5～8 d，但配种受胎率及母猪产仔数不及短效稀释液。常用的稀释剂配方如表1-1所示。

表1-1　常用稀释剂配方

成分	BTS	KIVE	20rPVa
葡萄糖/g	3.700	6.000	1.150
柠檬酸钠/g	0.605	0.37	1.165
碳酸氢钠/g	0.125	0.12	0.175
EDTA钠/g	0.125	0.37	0.235
氯化钾/g	1	0.075	
青霉素/(IU/mL)	500	500	0.69
链霉素/(mg/mL)	0.5	0.5	1.09
蒸馏水加至/mL	100	100	100

配制稀释剂要用精密电子天平，精确度越高越好。对于以上试剂或药品，可采用分析纯。配制好的稀释剂，在采精前用双蒸水进行混合溶化，可用磁力搅拌器以促进溶解。溶解完后，用滤纸进行过滤，以除去杂质，因精子有亲异物性，若有异物则容易聚头。然后，在水浴锅内进行预热，以备使用，也可配制好后先贮存，但要在 24 h 内使用完。抗生素的添加，应在稀释精液时加入到稀释液，太早易失效。

2. 精液稀释头份的确定

稀释前，应对自己所需稀释的精液头份进行确定。稀释头份可按如下方法进行计算：人工授精的正常剂量一般为 30 亿～50 亿/个剂量，体积为 80～100 mL，美国一般采用 30 亿/(80 mL·头份)，我国一般采用 40 亿左右/(100 mL·头份)。使用时应是根据实际情况而定。正常的公猪精液，假如密度为 2 亿/mL，采精量为 150 mL，计划稀释后密度为 40 亿/(100 mL·头份)。则此公猪精液可稀释 150×2/40＝7.5 头份，即需加(750－150)mL＝600 mL 稀释液。不过，同一种稀释液，精子密度越大，所消耗能量多，保存时间也就越短。

3. 精液的稀释

稀释前，稀释液的温度应和精液接近，相差不能超过 1℃。根据计算好的稀释头份，用量杯量取稀释液的体积，或简单一点，按 1 mL 精液或稀释液约等于 1 g，用精密电子天平直接称量，国外专业公猪站多采用此法。稀释时，将稀释液顺着盛放精液的量杯壁慢慢注入精液，并不断用玻璃棒搅拌，以促进混合均匀；不能将稀释液直接倒入精液，因精子需要一个适应过程。也可以先将稀释液慢慢注入精液一部分，搅拌均匀后，再将稀释后的精液倒入稀释液中，这样有利于提高精子的适应能力和稀释精液的均匀混合。精液稀释的成败，与所用仪器的清洁卫生有很大关系。所有使用过的烧杯、玻璃棒及温度计，都要及时用蒸馏水洗涤，并进行高温消毒，这是稀释后的精液能保证适期保存、利用的重要条件。

4.稀释后精液的分装

精液的分装，有瓶装和袋装两种，装精液用的瓶子和袋子均为对精子无毒害作用的塑料制品。瓶装的精液分装时简单方便，易于操作，但因瓶子有一定的固体形态，输精时需人为挤压或瓶底开口；袋装的精液分装一般需要专门的精液分装机，用机械分装、封口，但输精时因其较软，一般不需人为挤压。瓶子一般上面标有刻度，最高一刻度为100 mL，袋子一般为80 mL。

分装后的精液，要逐个粘贴标签，一般一个品种一个颜色，便于区分。要在上面标明公猪耳号、采精处理时间、稀释后的密度、经手人等，并将以上各项登记到记录本上，以备查验。

5.稀释后精液的保存

分装后的精液，不能立即放入17℃左右的恒温箱内，应先留在恒温箱外1 h左右，让其温度下降，以免因温度下降过快而刺激精子，造成死精子等增多。

放入恒温箱时，不同品种的公猪精液应分开放置，以防使用时拿错精液。不论是瓶装或袋装，均应平放，并可叠放。从放入恒温箱开始，每隔12 h，要摇匀一次精液，因精子放置时间过长，会大部分沉淀。对于一般猪场来说，可在早上上班，下午下班时各摇匀一次。为了便于监督，每次操作都应有摇动时间和人员的记录。

保存过程中，一定要时时注意恒温箱内温度计的变化，以免因意外造成电压不稳而导致温度升高或降低。

(五)精液的运输

对于远距离采购精液的猪场，运输是一个关键环节。保温条件好的，运到几千千米之外，精子活力等还较强，使用效果还是很好，母猪受胎率和产仔数也仍很高；做得不好的，就是同一场内不同时间、地点使用，死精率也是很高，使用效果很差。高温的夏天，一定要在双层泡沫保温箱中放入冰块(17℃恒温)，再放精液进行运输，以防止天气过热，死精太多，严寒的季节，要用保温用的恒温乳胶或棉花等在保温箱内保温。

使用冻精，运输时要用液氮罐，因这种技术难度较大，除了国外使用较广外，在猪方面，国内应用还不广泛，故不作详细的介绍。

二、种公猪在利用过程中应注意的问题

(1)要注意种公猪的自淫现象。应单圈饲养，远离母猪和配种舍，同时应加强运动和正确管理。

(2)防止种公猪过度使用。在配种旺季，由于公猪较少或有部分公猪患病，有些猪场为追求眼前利益而放任公猪使用，造成公猪过度使用，不但受胎率和产仔数都较低，而且可能使公猪失去种用价值，影响猪场的正常生产。

(3)应加强种公猪闲置期的管理。在没有配种任务的闲置期，不能放松对种公猪的饲养管理工作，应按照正常饲养标准饲喂，切不可随便饲喂，使公猪过肥或过瘦，造成性欲降低或不能胜任以后的配种任务，而影响种用价值。所以在闲置期应本着增强公猪体质，调节和恢复种用体况，进行科学的饲养管理，以便在下一个配种旺季更好地发挥作用。

【测评作业】

1. 试述种公猪的饲养管理要点。

2. 简述徒手采精操作要点。

3. 简述精液的稀释与保存方法。

4. 简述种公猪在饲养管理过程中应注意的问题。

【考核评价】

公猪生产管理技能考核评价表

专业班级		姓名		学号	

一、考核内容与标准

说明：总分 100 分，分值越高表明该项能力或表现越佳，综合得分≥90 为优秀，75≤综合得分＜90 为良好，60≤综合得分＜75 为合格，综合得分＜60 为不合格。

考核项目	考核内容	考核标准	得分
过程考核	操作态度（10 分）	积极主动，服从安排	
	合作意识（10 分）	积极配合员工，善于合作	
	采精与精液品质检查方法、步骤（30 分）	联系生产实际，条理清楚、内容准确完整	
	精液稀释、分装、保存、运输方法（30 分）	联系生产实际，条理清楚、内容准确完整	
结果考核	结果综合判断（10 分）	条理清楚、内容准确完整	
	实习记录与总结（10 分）	实习记录完整，字迹工整，总结报告结构完整，体会深刻，上交及时	
合计			

综合分数：________分　优秀（　）　良好（　）　合格（　）
不合格（　）

二、综合评价

（该学生是否掌握了该岗位的专业知识、专业技能及掌握程度，能否通过该岗位技能考核）

考核人签字：

年　月　日

说明：此表由校内教师或者企业指导教师填写。

项目二

配种妊娠生产与管理岗位技能

工作目标

1. 按计划完成每周配种任务，保证全年均衡生产。
2. 保证配种分娩率在 85%以上。
3. 保证窝平均产活仔数在 10 头以上。
4. 保证后备母猪合格率在 90%以上。

工作任务

任务一 配种前母猪的饲养管理

母猪在配种前饲养管理好坏直接影响其发情和排卵，为此，应加强母猪配种前的饲养管理，使它迅速达到正常的繁殖体况和性机能，并做到适时配种，力争全配全准、多胎高产。

一、后备母猪配种前短期优饲

近二三十年来，国外上百次的试验证明，对原饲养水平较低的后备母猪在配种前短期优饲，可增加排卵数 2 枚左右。优饲从配种前 10～14 d 开始至配种结束为止。优饲的程度是在原日粮的基础上每天多喂 26.42～35.23 MJ 消化能。配种结束后立即降低饲养水平（去掉增喂的料量），否则可能导致胚胎死亡增加。

二、经产母猪配种前的饲养

母猪经过产仔和泌乳，一般体重要减轻 20%～30%。断乳时如能保持七八成膘，5～10 d 之内都能正常发情配种，只要注意合理搭配饲粮，粗蛋白质水平达到 12%以上，同时满足矿物质和维生素的需要，就能获得较好的效果，不必提高总能量供给水平。对带仔多、泌乳力高的母猪和产前膘情差（不足五成膘）的母猪，应在哺乳期增加给料量，使其在断乳时保持七成膘的体况，这样，在仔猪断奶后 10 d 左右，母猪才会正常发情、排卵。

三、配种前母猪正确的管理

阳光、新鲜空气和运动对促进母猪发情和排卵作用很大。膘情好的母猪在配种准备期应增加舍外运动时间，舍内要经常保持清洁，寒冷季节圈内要适当多铺垫草。实践证明，户外运动的母猪既进行了运动，又吃到了青绿饲料和呼吸了新鲜空气，还进行了日光浴，因此，户外运动对促进母猪发情和排卵作用很大。在正常情况下，母猪在仔猪断奶后 3～10 d 就可发情，为此要注意观察，以免发情不明显的母猪错过配种时机。

四、促使母猪发情排卵的方法

对那些在仔猪断奶后 10 d 以内迟迟不发情的母猪，要采取以下措施进行催情和促其排卵。

(一)改善饲养管理

对迟迟不发情的母猪,应首先从饲养管理上找原因。例如,饲粮过于单纯:蛋白质含量不足或品质低劣,或缺乏维生素;母猪过肥或过瘦;长期缺乏运动等。应进行较全面的分析,采取相应的改善措施。

(二)诱情

每天早、晚用公猪追逐或爬跨;把不发情的母猪关在公猪圈内混圈饲养;也可用发情母猪的爬跨来诱情等。这是因为,公猪带有臊味物质——外激素,能刺激母猪发情并表现"呆立反应"。另外,公、母猪的爬跨刺激,可促使母猪发情。

(三)乳房按摩

分表层按摩和深层按摩两种。表层按摩的方法是在每排乳房两侧前后反复抚摩,所产生的刺激通过交感神经引起垂体前叶分泌促卵泡成熟素,促使母猪发情。深层按摩的方法是在每个乳房周围用 5 个手指捏摩(不捏乳头),所产生的刺激通过副交感神经引起垂体前叶分泌促黄体生成素,从而促使排卵。具体时间安排如下:每天早晨饲喂后,表层按摩 10 min,发现母猪发情后,改为表层按摩 5 min 和深层按摩 5 min;要交配的当天早晨,全部改成深层按摩 10 min。

(四)激素催情

1. 孕马血清

怀孕 60～120 d 的母马血清中含有较多的由胎盘产生的孕马血清促性腺激素(PMSG),其作用相当于促卵泡生成素(FSH),可以促使卵泡成熟和排卵。使用时,进行皮下注射,每日 1 次,连续 2～3 次,第 1 次 5～10 mL,第 2 次 10～15 mL,第 3 次 15～20 mL。一般注射后 3～5 d 就可发情。实践结果证明,用这种方法处理过的母猪发情率达89.4%。在实践中也可采用孕马全血，方法是：抽取怀孕60～120 d母马的全血10～15 mL，肌肉注射，每日1次，连用2～3 d。使用时必须是现抽现注。如果为了贮备起来长期使用，孕马全血需要进行简单的处理，处理方法如下：取一个500 mL的细口瓶，加入30 mL蒸馏水，10 g硼砂和5 g硫代硫酸钠，溶解后进行蒸气消毒20 min，冷却至37℃，再取怀孕60～120 d健康母马的全血500 mL，直接注入瓶中，注入时要频频摇动瓶子，以防血液凝固，最后用无菌翻口胶塞封严瓶口，放于凉暗处可保存1年以上。远离城市的边远地区，也可自己制取孕马血清，制法如下：无菌操作，先配制10%柠檬酸钠溶液40 mL，采取壮龄健康怀孕60～120 d母马静脉血1 000 mL，充分混匀后自然沉降18 h，或用离心机将上清液分出，再加维生素B_{12} 4 mL；封严瓶口即成。

2.绒毛膜促性腺激素(CG)

该激素由胎盘产生，作用同促黄体生成素(LH)，对母猪催情和促使排卵效果显著。对一般体况良好的中型母猪(体重为75～100 kg)，一次肌肉注射500～1 000 U为宜。据丹麦试验，绒毛膜促性腺激素加孕马血清给母猪注射，母猪产仔数最多。

3.垂体前叶促性腺激素

该激素含促卵泡成熟素(FSH)、促黄体生成素(LH)、促黄体分泌素(LTH)，对母猪催情和促使排卵效果显著。在母猪每个情期到来前1～2 d用药，一次肌肉注射500 U，连用2 d。

4.孕妇尿

该尿作用与绒毛膜促性腺激素(CG)相同，即用怀孕两个月以上青年妇女的晨尿，用5层纱布过滤两次，隔日或连日皮下(或肌肉)注射，以皮下注射好，这样吸收快，不易化脓，第1次10～15 mL，第2次15～20 mL，第3次20～25 mL。

(五)中药方剂

各地利用中草药方剂催情的报道很多,下面介绍几个处方,仅供参考。

处方一:当归 15 g、川芎 12 g、白芍 12 g、熟地 12 g、小茴香 12 g、乌药 12 g、香附 15 g、陈皮 15 g、白酒 100 mL。水煎后每日内服 2 次,每次外加白酒 25 mL。

处方二:对叶草 30～50 g、益母草 30～50 g、山当归 20～40 g、红泽兰 20～30 g、淫羊藿 30～50 g。水煎后内服。

处方三:淫羊藿 50～80 g、对叶草 50～80 g。水煎后内服。

(六)药物治疗

对曾患过子宫炎或阴道炎的母猪,可试用以下方法治疗。

(1)用 25%的高渗葡萄糖液 30 mL,加青霉素 100 万 U,输入母猪子宫后 0.5 h 再配种,效果明显。据试验,连续三个发情期配种未孕的母猪 48 头,用上述方法处理后,受胎率达 96%。

(2)氯化钠 1 g、碳酸氢钠 2 g、葡萄糖 9 g、蒸馏水 100 mL(先灭菌后再加碳酸氢钠)配成药液。用此药 20～30 mL,加青霉素 40 万 U,链霉素 50 万 U,注入母猪子宫 30 min 后配种,效果较显著。

对那些长期不发情或屡配不孕的母猪,在改善饲养管理的前提下,又用其他方法进行了几次处理仍然无效时,应及早淘汰。

五、后备母猪适宜的配种年龄和体重

母猪的性成熟年龄是,地方品种一般在生后 3～4 月龄开始发情,国外及培育品种一般在生后 5～6 月龄开始发情。刚达到性成熟的母猪虽有配种的要求和受胎的可能,但此时还不能让它参加配种,因为这时配种不仅产仔数少,仔猪体质差,而且还影响母猪本身的生长发育。一般来说,在母猪的第三个发情期配种是适当的，但也要注意体重的大小。实践证明，母猪交配时的体重，对仔猪成活率和仔猪断奶重的影响较大。一般认为，我国地方品种母猪的初配年龄为生后 6～8 月龄，体重达 50 kg 以上；国外品种及培育品种母猪的初配年龄为生后 8～10 月龄，体重达 90 kg 以上比较适宜。有的母猪虽然月龄已达到配种要求，但体重还未达到要求，也不能进行初配，应以体重标准为主进行初配。母猪的体重应占成年体重的 65％～70％开始初配较好。

任务二　母猪的发情鉴定

一、母猪的发情与排卵

（一）发情周期

母猪是多周期发情动物，可全年发情配种，母猪从上次发情终止，到下次发情初始称为发情周期，平均 21 d。

（二）排卵

母猪的排卵在发情的中后期，了解此点对适时配种极为有用。

母猪发情排卵发生在发情开始后 24～28 h，高峰在发情后 36 h 左右，排卵持续 10～15 h，卵子在输卵管中运行约需 50 h，但只能保持 8～10 h 的生活力。受精部位是输卵管的壶腹部。

在一个发情期内，母猪可产生 15～30 个卵子，但产生如此数目的仔猪并不多见，多数母猪只能产 8～12 头仔猪，有时有的母猪只能产 2～3 头，有的甚至空怀假孕。因此，母猪实际繁殖力与繁殖潜力之间有较大差距。

短期优饲：在养猪实践中，为了使母猪多排卵，多产仔，常在母猪配种前约一周时增加母猪营养。这一做法称为短期优饲或催情补饲。但短期优饲只用于青年母猪和体况较瘦弱的母猪，具体做法是从母猪配种前一周开始，每天增加母猪料 1～2 kg。

二、母猪的发情表现与适时配种时间的确定

在配种母猪的日常管理中，最重要的两条是鉴别母猪的发情症状并对母猪进行适时配种。

1. 母猪的发情表现

母猪是否发情，可从以下几个方面来鉴别。

(1)外阴变化。色泽从桃红—暗红—淡红，并伴随不同程度的肿胀，一般的红的深度和肿胀程度与发情期长短有一定关联。

(2)分泌物的变化。在外阴红肿达到高峰时可见半透明乳白色少量黏液流出，一般开始出现在接受配种的前一天或当天，上午多见。配种后会有白色或淡黄色黏液出现。若黏液颜色深，有腥臭味，量多则不正常。

(3)行为变化。随着外阴红肿加剧，开始显得焦躁不安，频频起立，来回起动，排粪排尿，继而对同栏猪追逐爬跨，以手压背呆立不动，有弓背反应，触摸肋部、臀部，尾渐上举。当公猪来临时，非常敏感，会发出嗷嗷叫声，紧挨公猪身旁。

(4)食欲变化。有不少母猪出现减食现象。但与品种、经济类型关系较大。

2. 适时配种时间的确定

准确掌握适宜的配种或输精时间是获得高受胎率和高产仔数的一个重要关键技术。适时配种就是使精子、卵子在具活力时有充分的机会相遇并受精。

排卵通常是在母猪开始接受公猪交配后的 24～36 h，发情持续期短的品种稍微早些。全部卵子排完为 10～15 h。卵泡破裂

后卵子随卵泡液经伞部很快进入输卵管,停留于壶腹峡部连接处,卵子维持受精能力的时间为 8～12 h。

有实验证明,精子在交配后,15～30 min 就有到达输卵管,但大多要 2～3 h 才能到达,正是这个阶段精子得以获能,先期到达壶腹部的精子等待着卵子的到来,精子保持受精能力的时间是 10～20 h。

据此时间表,适宜的配种时间当在母猪排卵前 2～3 h,即接受配种后的 20～30 h。一般在接受配种后 6～10 h 配第一次,间隔 10～12 h 再配一次较为稳妥。后备母猪有发情症状后每天进行适配鉴定,在接受配种的当天就配种,若前一天出现半接受状态的(勉强接受压背而不接受公猪爬跨)或其他发情症状不甚明显的在上午配种;其他的可延至下午配种。但一般配种效果还是以上午为好。

适配期的确定借助于公猪试情较好,但同时综合其发情症状来判断,准确性将更高。到达受配期母猪的外阴由鲜红刚转暗或转淡,肿胀稍退出现微皱,黏液黏性较强时进行配种。

母猪静立反射:有人进入母猪栏内,母猪移动臀部靠近,推之不动,压背不走,且有弓背反应。触摸肋部、臀部、尾根,尾渐上举。

适时配种时间的确定依据:①静立反射的出现;②外阴充血与红肿表现;③外阴黏液的黏性表现。

任务三　输　　精

输精是人工授精技术的最后一关,输精效果的好坏,关系到母猪情期受胎率和产仔数的高低,而输精管插入母猪生殖道部位的正确与否,则是输精的关键。

(一)发情母猪的鉴定

母猪的发情,后备猪比生产母猪难以鉴定,长白母猪比大约克、杜洛克母猪等难以鉴定。一般可通过下面的方法进行鉴定。

发情的母猪,外阴开始轻度充血红肿,后较为明显,若用手打开阴户,则发现阴户内表颜色由红到红紫的变化,部分母猪爬跨其他母猪,也任其他母猪爬跨,接受其他猪只的调情,当饲养员用手压猪背时,母猪会由不稳定到稳定,当赶一头公猪至母猪栏附近时,母猪会表现出强烈的交配欲。当母猪阴户呈紫红色,压背稳定时,则说明母猪已进入发情旺期。

对于集约化养猪场来说,可采用在母猪栏两边设置挡板,让试情公猪在两挡板之间运动,与受检母猪沟通,检查人员进入母猪栏内,逐头进行压背试验,以检查发情程度,这种方法在美国常被采用。

(二)适时输精

进行母猪授精时,新鲜精液和保存精液有一个时间的差别。新鲜精液因精子活力强,死精率低,故配种时母猪受胎率高;保存精液随着保存时间的延长,精子活力逐渐变弱,死精子数增多,母猪受胎率偏低。一般地,上午发现有静立反射的母猪,下午应输精一次,第二天下午再进行第二次输精;下午发现有静立反射的母猪,第二天上午输精一次,第三天上午再进行第二次输精。在美国,一般会因精液的性质不同而改变适时输精时间。美国的做法如表 2-1 所示。

(三)输精的准备

输精前,精液要进行镜检,检查精子活力,死精率等。对于死精率超过 20%的精液应弃之不用。对于多次重复使用的输精管,要严格消毒、清洗，使用前最好用精液洗一次。母猪阴部冲洗干净，并用毛巾擦干，预防将细菌等带入阴道。

表 2-1　母猪断奶后静立反射和输精时间的关系

断奶至出现发情时间	输精时间					
	每天 2 次发情鉴定				每天 1 次发情鉴定	
	上午(7:00～9:00)		下午(7:00～9:00)		上午(7:00～9:00)	
	鉴定发情		鉴定发情		鉴定发情	
	输精 2 次	输精 3 次	输精 2 次	输精 3 次	输精 2 次	输精 3 次
3～5 d	下午 1	下午 1	上午 2	下午 1	上午 1	上午 1
	上午 2	上午 2	下午 2	上午 2	下午 1	上午 2
		下午 2		下午 2		下午 2
6 d 以上	下午 1	上午 1	下午 1	下午 1		上午 1
	上午 2	下午 1	下午 2	上午 2	上午 1	下午 1
		上午 2		下午 2	上午 2	上午 2

注：两次输精时间间隔至少 8 h；发现发情为第一天，“上午 1”指发情的第一天上午，输精时间为 7:00～9:00；“上午 2”指发情的第二天上午；“下午 1”指发情的第一天下午，输精时间为 3:00～5:00，“下午 2”指发情第二天下午。

(四)输精管的选择

输精管有一次性的和多次性的两种。

一次性的输精管，目前有国外产和中国台湾省产的，有螺旋头形和海绵头形，长度有 50～51 cm。螺旋头一般用无副作用的橡胶制成，适合于后备母猪的输精；海绵头一般用质地柔软的海绵制成，通过特制胶与输精管粘在一起，适合于经产母猪的输精。选择海绵头输精管时，一应注意海绵头粘得牢不牢，不牢固的则容易脱落到母猪子宫内；二应注意海绵头内输精管的深度，一般以 0.5 cm 为好，因输精管在海绵头内包含太多，则输精时因海绵体太硬而损伤母猪阴道和子宫壁，包含太少则因海绵头太软而不易插入或难以输精。一次性的输精管使用方便，不用清洗，但成本较高，大型集约化养猪场一般采用此种方法。

多次性输精管，一般为一种特制的胶管，因其成本较低可重复使用而较受欢迎，但因头部无膨大部或螺旋部分，输精时易倒流，并且每次使用均应清洗、消毒，若保管不好还会变形。

（五）输精方法

输精时，先将输精管海绵头用精液或人工授精用润滑胶润滑，以利于输精管插入时的润滑，并赶一头试情公猪在母猪栏外，刺激母猪性欲的提高，促进精液的吸收。

用手将母猪阴唇分开，将输精管沿着稍斜上方的角度慢慢插入阴道内。当插入 25～30 cm 时，会感到有上点阻力，此时，输精管顶端已到了子宫颈口，用手再将输精管左右旋转，稍一用力，顶部则进入子宫颈第 2～3 皱褶处，发情好的猪便会将输精管锁定，回拉时则会感到有一定的阻力，此时便可进行输精。

用输精瓶输精时，当插入输精管后，用剪刀将精液瓶盖的顶端剪去，插到输精管尾部就可输精；精液袋输精时，只要将输精管尾部插入精液袋入口即可。为了便于精液的吸收，可在输精瓶底部开一个口，利用空气压力促进吸收。

输精时输精人员同时要对母猪阴户或大腿内侧进行按摩，实践证明，大腿内侧的按摩更能增加母猪的性欲。在美国，输精人员倒骑在母猪背上，并进行按摩，效果也很显著。正常的输精时间应和自然交配一样，一般为 3～10 min，时间太短，不利于精液的吸收，太长则不利于工作的进行。

为了防止精液倒流，输完精后，不要急于拔出输精管，将精液瓶或袋取下，将输精管尾部打折，插入去盖的精液或袋孔内，这样即可防止空气的进入，又能防止精液倒流。

任务四　母猪的妊娠诊断

一、妊娠母猪的鉴定

母猪配种后，经过一个发情周期不再发情，性情温顺，食欲增加，被毛日趋光亮，增膘快，腹部渐大，行动稳重且有嗜睡现象，可判断为妊娠。母猪妊娠期 112～116 d。如个别母猪在怀孕后出现假发情的，应认真加以鉴别。假发情母猪尾巴自然下垂或夹着尾巴走，且对公猪反应不明显，一般拒绝交配。

二、妊娠诊断

妊娠诊断是种母猪管理的一项重要内容，空怀的早期诊断不仅可以缩短产仔间隔，还可以提高母猪利用率，淘汰种用不良母猪，降低饲养成本。妊娠诊断主要采用观察法和超声波诊断法。

(1)观察法。配种后在母猪的第一个发情期前后检查母猪是否发情，称之返情检查。配种后一个情期母猪没有发情，就判为母猪妊娠。如果在妊娠 12 d 以前几乎所有胚胎死亡，母体将难以识别已经怀孕，母猪将恢复发情；如果胚胎功能不全发生在 12 d 以后，则可能发生发情推迟。另外，处于疾病状态的母猪，如子宫炎、激素分泌紊乱均可导致母猪不发情(5 mg 雌二醇即可引起母猪假孕)，因此观察法不能完全诊断出配种后早期的未妊娠母猪。

(2)超声波诊断法。超声波诊断法是观察心动变化或胚胞液。利用超声波仪诊断胎儿心脏、脐带和子宫血管血流为特征的妊娠诊断，对一些非妊娠母猪诊断困难。利用超声波波幅深度分析检测妊娠母猪胚胞液，具有较高的检出率。母猪配种 2～3 d后的子宫在母猪体腔位置，基本浮在肠子上，通常到配种 28 d时子宫内已积累足够的子宫液使子宫越来越重，子宫沉向腹壁，子宫逐步覆盖越来越多区域，首先子宫沉积到右侧，然后是左侧区域。在母猪妊娠 30～90 d，子宫液随胎儿体积增大，其液体含量达到最多，妊娠检查准确率最高。它的优点是操作方便、快速、省事，母猪不产生应激。在配种后 30 d、50 d、90 d 利用超声波波幅诊断仪检查母猪是否空怀，称之妊娠检查。妊娠 90 d 也可以用观察法观察母猪的乳房和身体发育状况判断，但对于饲喂过肥母猪（5 分以上膘情）如果母猪乳房发育不良，观察法判断妊娠效果不佳。

（3）妊娠检查时间和注意事项。配种后母猪转入返情检查区饲养 24 d，在此发情周期观察母猪是否发情，同时可利用公猪进行返情检查，经返情检查未发情母猪（返检阴性），在配种后 30 d、50 d、90 d 用 B 超妊娠诊断仪进行妊娠检查。在妊娠 90 d 时有经验的管理人员也可以用眼睛鉴别母猪是否空怀，空怀母猪哄回配种区配种。填写母猪返情、空怀资料并录入计算机。在使用超声波波幅妊娠诊断仪诊断过程中，如测定一侧子宫角可疑时或空怀时，需测定另外一侧子宫角是否有胎儿。

任务五 妊娠母猪的饲养管理

一、胚胎的生长发育规律

母猪的怀孕期平均为 114 d（112～116 d）。

母猪开始妊娠时其受精卵的重量只有 0.4 mg，而到胎儿出生时其重量为 1 kg 以上，此阶段胎儿的增长过程具有明显的规律性。怀孕前 80 d 胎儿增重缓慢，增重量不到整个初生胎儿的1/3，而怀孕后期即临产前 30 d 是胎儿生长较快时期，此 30 d 内胎儿增重约占出生胎儿重量的 2/3 以上。

二、妊娠母猪的营养需要特点与合理饲养

(一)妊娠母猪的营养需要特点

从胚胎生长发育规律看,胎儿前期对营养要求不多,但必须全价;而后期所需营养物质不但数量增加,而且品质要好。此外,母猪乳房的激烈发育和生殖道的增生肥厚,都集中在妊娠后期,需要增加营养物质的供给量。

(二)妊娠母猪的合理饲养

(1)由于母猪的实际繁殖力和繁殖潜力之间有较大差距,因此,加强妊娠母猪的饲养,能充分发挥母猪的繁殖潜力,为高产奠定可靠的物质基础。

(2)妊娠母猪在整个妊娠期内要保证适宜的增重,增重太少会影响产后泌乳,增重太多会造成死胎和分娩后食欲不强。体况适中的母猪在妊娠期增重占母猪体重的 20%～30%(初产母猪应略高,达 30%～40%),绝对增重在 40～50 kg 较为适宜。

(3)母猪的妊娠期为 114～115 d,一般可分为两阶段:即妊娠前期和妊娠后期,其中妊娠前期约为 3 个月,妊娠后期约为 1 个月。

①母猪在妊娠前期的增重要比妊娠后期快,前期增重占整个妊娠期增重的绝大部分,其中,脂肪的沉积几乎全部在前期,这个期间是母猪复膘的阶段,但母猪内胎儿的发育比较缓慢。

妊娠前期可采用适当的低标准饲料,但此时也是胎儿组织器官形成的阶段,对日粮中蛋白质和维生素的质量有较高的要求,所以,妊娠前期多喂青绿饲料或多汁饲料有重要意义。

总的来说,妊娠前期配合饲料的喂量不必太多,一般每头猪每天喂 2～2.5 kg 即可,而青绿饲料的喂量要大些。

②妊娠后期胎儿发育速度加快，在妊娠 50 d 左右时，每个胎儿体重不足 100 g，妊娠 90 d 时胎儿体重 500 g 以上，而 110 d 左右时，胎儿体重可达 1 000 g 左右。仔猪初生重的 60%左右是在妊娠后期增长的，母猪所需的营养大大增加，但母猪的采食量受到腹腔容积的限制，易造成营养供给不上。

因此，妊娠后期应采用高标准饲养，一般每头母猪每天饲喂配合料 2.5～3.0 kg，以保证营养供给，促进胎儿正常发育，减少母猪脂肪消耗，为产后恢复体力和初期泌乳积蓄营养。

初产母猪因为自身仍处于生长发育时期，因此，妊娠全期都应按较高的营养水平饲养。

(4)妊娠母猪的饲养方式。

①前粗后精的饲养方式。适用于体况较好的经产母猪。

②步步登高方式。适用于初产母猪。

③抓两头带中间的饲养方式。适用于体况较差的经产母猪。

三、妊娠母猪的管理技术

(一)做好妊娠检查

能否尽早、准确地判断母猪是否怀孕是非常重要的。

(1)一般来讲，发情母猪配种后，如果过了一个发情周期(约 3 周)后没有发情可判断为妊娠。

(2)妊娠母猪其外部表现为疲倦、贪睡、不想动，举止安静、行动稳重、采食量增加，体膘增加，皮毛发亮，阴户缩成一条细线。

(3)规模化猪场或工厂化养猪生产基本都采用超声波测孕仪来进行测定。测定时间在配种后 30～80 d，要求被测母猪站立并走动 3～5 min 后测定。

检查部位：母猪下腹部倒数 1～2 个乳头间上 5 cm 处，探头指向对侧最后肋骨，与水平呈 45°角。使用超声波测定仪，准确率很高，重复测两次，准确率可达 100%。

(二)做好妊娠母猪的饲喂技术

(1)日粮容积,妊娠前期可适当大些,可多喂青绿多汁饲料和粗饲料;妊娠后期,则日粮容积应小些,以防止压迫胎儿。

(2)日粮质量要好,防止饲喂霉烂变质饲料。酒糟饲料应慎喂,妊娠后期最好不喂。

有毒的饲料如棉籽饼不能饲喂,菜籽饼只能少量添加,未发酵透的青贮料等都要慎用。在日粮中适当增加粗纤维含量,加喂青饲料都是有好处的。

(3)供给充足饮水。

(三)做好日常管理工作

(1)保持圈舍干燥、清洁、温暖,防止潮湿、寒冷。

(2)适当加强运动,防止难产发生。

(3)妊娠母猪以单栏饲养为好。

(4)群养或限位栏饲养。在规模化猪场中,普遍采用群养或限位栏饲养。

①群养的优点在于有一定的运动。缺点是会因排位次、争食而发生打斗,滑跌和采食不均。所以,群养一定要根据年龄、体重、体况、配种时间合理编群,不宜将青年母猪和成年母猪合群饲养。

②限位栏的大小要根据饲养品种的体尺数据确定,不能太狭窄,让猪能有原地活动的余地。

(5)夏季高温季节应采取防暑降温措施。有条件设置遮阴通风降温设施。

四、防止母猪流产的措施

胎儿死亡、流产是影响产仔数的重要原因。妊娠期胎儿死亡与流产的两个高峰期:①妊娠后 10～30 d,易造成死亡。②妊娠最后一个月。易造成流产。

(1)保证母猪日粮的营养水平和全价性。但妊娠前期日粮中能量水平不宜过高,否则,易导致胚胎死亡增加。防止饲喂霉烂变质和有毒成分的饲料。

(2)加强管理,避免机械性损伤。防止打架、惊吓、争斗、拥挤、剧烈运动等。

(3)搞好疾病防治,防止热应激发生。

【测评作业】

1. 简述促使母猪发情排卵的方法。
2. 简述母猪发情表现。
3. 简述输精操作要点。
4. 简述母猪妊娠诊断要点。

【考核评价】

配种妊娠生产管理技能考核评价表

<table>
<tr><td>专业班级</td><td></td><td>姓名</td><td></td><td>学号</td><td></td></tr>
<tr><td colspan="6">一、考核内容与标准
说明:总分 100 分,分值越高表明该项能力或表现越佳,综合得分≥90 为优秀,75≤综合得分<90 为良好,60≤综合得分<75 为合格,综合得分<60 为不合格。</td></tr>
<tr><td>考核项目</td><td>考核内容</td><td colspan="3">考核标准</td><td>得分</td></tr>
<tr><td rowspan="5">过程考核</td><td>操作态度
(10 分)</td><td colspan="3">积极主动,服从安排</td><td></td></tr>
<tr><td>合作意识
(10 分)</td><td colspan="3">积极配合员工,善于合作</td><td></td></tr>
<tr><td>发情鉴定
(20 分)</td><td colspan="3">联系生产实际,条理清楚、内容准确完整</td><td></td></tr>
<tr><td>输精
(20 分)</td><td colspan="3">联系生产实际,条理清楚、内容准确完整</td><td></td></tr>
<tr><td>妊娠诊断
(20 分)</td><td colspan="3">联系生产实际,条理清楚、内容准确完整</td><td></td></tr>
</table>

续表

考核项目	考核内容	考核标准	得分
结果考核	结果综合判断（10 分）	条理清楚、内容准确完整	
	实习记录与总结（10 分）	实习记录完整，字迹工整，总结报告结构完整，体会深刻，上交及时	
合计			
综合分数：________分　优秀（　）　良好（　）　合格（　）　不合格（　）			
二、综合评价 （该学生是否掌握了该岗位的专业知识、专业技能及掌握程度，能否通过该岗位技能考核） 考核人签字： 年　月　日			

说明：此表由校内教师或者企业指导教师填写。

项目三

产房生产与管理岗位技能

工作目标

1. 按计划完成母猪分娩产仔任务。

2. 哺乳期成活率 95%以上。

3. 仔猪 3 周龄断奶平均体重 6.0 kg 以上，4 周龄断奶平均体重 7 kg 以上。

工作任务

任务一　分娩母猪的饲养管理

母猪分娩是养猪生产中最繁忙、最细致、最重要、最易出问题从而降低经济效益的生产环节。为了保证母猪安全分娩，使初生仔猪成活率高，必须加强母猪分娩前后的饲养管理。

(一)配种记录与预产期的推算

1.建立配种记录制度

建立配种记录制度可掌握母猪分娩时间，提前做好接产准备工作；配种记录还可使与配公猪的品种、编号有据可查，是育种工作必不可少的档案资料。育种场使用的记录卡填写的项目较多，有母猪耳号、品种、胎次、主(补)配公猪号、情期、配种日期、交配方式、配种员、预产期、分娩日期等。一般商品育肥猪场使用的记录卡填写的项目较少。

2.预产期的推算

母猪妊娠期平均为 114 d，范围是 110～120 d。预产期的推算方法有三种。

(1)三三三法。即母猪的妊娠期为 3 个月 3 个周零 3 d。

(2)计算法。此法完全根据公历来计算，因此公历闰年时只闰 2 月。口诀：月份加 4，日期减 6，再减大月数，过 2 月加 2 d，闰年 2 月只加 1 d。例如，5 月 13 日配种，月份加 4 是 9，日期减 6 是 7，再减 3 个大月数(即从 5 月到 9 月完全经过 5 月、7 月、8 月 3 个大月)是 4，这头母猪的预产期是 9 月 4 日。又如，2 月 2 日配种，月份加 4 是 6，日期减 6 不够减，须借 1 个月，月份变成 5，日期是 32 日(即借 1 个月按 30 d 算)减 6 是 26，从 2 月到 5 月只经过 1 个大月，26 减 1 是 25，过 2 月还要加 2 d，25 加 2 是 27，这头母猪的预产期是 5 月 27 日。

(3)查表法。

(二)母猪分娩前的准备与护理

1.母猪分娩前的准备

(1)产房的准备。猪场最好为母猪设置专门的产房。如果不设产房，在天冷时，圈前也要挂草帘，圈内生火。产房内要求：温暖干燥，清洁卫生，舒适安静，阳光充足，空气新鲜。温度在 22～

23℃,相对湿度为65%～75%。产房内温度过高或过低,湿度过大是仔猪死亡和母猪患病的重要原因。在母猪产前的5～10 d将产房打扫干净,再用3%～5%的石炭酸或2%～3%的来苏儿或2%的火碱水进行消毒,墙壁用石灰水粉刷,地面干后再铺上柔软清洁的垫草。

(2)接产用具及药品的准备。包括母猪生产记录表格、灯、接产箱(筐)、擦布、剪子、5%的碘酒、2%～5%的来苏儿、结扎线(应浸泡在碘酒中)、秤、耳号钳、火炉(或干柴草)、絮草、干土等。

(3)猪体的清洁消毒。母猪应在产前的3～5 d迁入产房,以适应新环境。迁入产房前应进行猪体的清洁消毒。在气温较高的季节,先用温水擦洗腹部、乳房及阴门附近,然后再用2%～5%的来苏儿消毒。在冬季或早春可先用刷子进行刷拭后,再进行消毒。

2.母猪分娩前的护理

应根据母猪的膘情和乳房发育情况采取相应的措施。对膘情及乳房发育良好的母猪,产前3～5 d应减料,逐渐减到妊娠后期饲养水平的1/2或1/3,并停喂青绿多汁饲料,以防母猪产后乳汁过多,而发生乳房炎,或因乳汁过浓而引起仔猪消化不良——拉稀。对那些膘情及乳房发育不好的母猪,产前不仅不应减料,还应加喂一些含蛋白质较多的饼类饲料或动物性饲料。产前3～7 d应停止驱赶运动,让其在圈内自由运动。发现临产征状,立即停止饲喂干料,改喂易消化、营养较高的汤料。

(三)母猪临产征状

1.乳房的变化

母猪在产前15～20 d,乳房由后向前逐渐下垂,越接近临产期,腹底两侧像带着两条黄瓜一样,乳头呈"八"字形分开,皮肤紧张,初产母猪还发红发亮。

2. 乳头的变化

母猪前面的乳头能挤出乳汁时，约在 24 h 后产仔；中间乳头能挤出乳汁时，约在 12 h 后产仔；最后一对乳头能挤出乳汁时，在 4～6 h 后产仔。

3. 母猪的表现

如母猪出现叼草絮窝、突然停食、紧张不安、时起时卧、性情急躁、频频排粪排尿等情况，说明即将产仔。

在生产实践中，常以叼草絮窝；最后一对乳头能挤出浓稠乳汁，挤时不费力，乳汁如水枪似射出；拉小而软的屎（如柿饼大），尿小尿，次数频繁等情况作为判断母猪即将产仔的主要症状。

（四）母猪的分娩

1. 分娩过程

母猪分娩时一般侧卧，经几次剧烈阵缩和努责后，胎衣破裂，血水、羊水流出，随后产出仔猪。一般每 5～25 min 产出一头仔猪，整个分娩过程一般为 1～4 h。超过 8 h 可能是难产，应根据具体情况，采取相应的助产措施。

仔猪全部产出后，胎衣全部排出需 3 h，超过 3 h 就要采取相应措施，如注射垂体后叶素，特别是热天，胎衣如果全部或部分未排出，在子宫内腐败，能造成母猪产后高烧而无奶。检查胎衣是否排完的具体做法是：检查胎衣上的脐带头的数目是否与仔猪数相等，相等说明胎衣全部排完，否则说明胎衣未排完。

胎衣排完后，应把胎衣、脐带头、死小猪、带血的絮草全部清除掉，换上新草，千万不能让母猪吃掉，以免养成吃仔猪的恶癖。

2. 分娩力

母猪分娩主要靠两种力量。

（1）子宫收缩力。也叫阵缩。这种收缩力不受大脑皮层的控制，而是受脑垂体后叶所分泌的催产素所控制，所以是无意识的。由于这种收缩是时缩时停的，因此叫阵缩。阵缩时，母猪主要表现是哆嗦。所产生的收缩波是从子宫角向子宫体、阴道方向推进，随着子宫肌肉的收缩，胎儿所处的后部子宫腔变细，阵缩停止时，变细的部位不复原，随着阵缩波的不断产生，子宫腔越来越细，越来越向前推进，直到把仔猪排出为止。当排出1个胎儿后，子宫肌肉又产生第2个收缩波。

(2)腹肌与膈肌的收缩力。也叫努责。这种收缩力受大脑皮层的控制，是有意识的，它伴随阵缩而进行。收缩时这两种力量合在一起，收缩特别强烈。

(五)接产与助产技术

1. 接产技术

接产人员最好是由饲养该母猪的饲养员担任，这样母猪比较安心，产仔迅速。接产人员的手臂应洗净，并用2%的来苏儿消毒，做到以下几点。

(1)三擦一破。仔猪产出后，接产人员应立即用手指将口、鼻内的黏液掏出并擦净，再用毛巾将全身黏液擦净。如果胎儿包在胎衣内一起产出(叫胎盘前置)，应马上撕破胎衣，再抢救仔猪。

(2)断脐。仔猪产出后，有的脐带自然断开，有的未断。对未断的脐带，应先将脐带内的血液向腹部方向挤压，等脐带的动脉不再跳动时，在距腹壁3～4 cm处用手指掐断脐带(不用剪刀，以免流血过多)，断端涂5%碘酊消毒，若断脐后流血，则用手指捏住断端，直至不出血为止，不能用普通线结扎，以免引起炎症。

(3)一起吃初乳。这样所有仔猪所获得的营养和抗体较为平衡。如果产仔时间过长，只好分批吃初乳，否则，早生的仔猪就要挨饿受冻，甚至冻僵。如果遇到仔猪冻僵，一是可用火烤，烤到体软嘴能开张时，进行人工辅助哺乳；二是肌肉注射5%的葡萄糖液1～2 mL也可。

(4)初生仔猪编号。接产结束后，要对仔猪进行编号。这对搞清每头猪的来源、生长发育和生产性能有重要意义。

仔猪编号最常用的是剪耳法，其方法是用耳号钳在猪耳上打缺口和洞，每剪 1 个耳缺(或洞)代表一个数字，把几个数字相加就是该猪的编号。

不同的场家对猪左右耳的区分以及每一缺口代表数字的大小有所不同，西北农林科技大学的编号原则是：左个右十，上 3 下 1，左尖 100，右尖 200，左中 400，右中 800。即在右耳上缘剪 1 个缺口代表 30，下缘剪 1 个缺口代表 10，右耳尖剪 1 个缺口代表 200，右耳上半部中心打 1 个洞代表 800；左耳上缘剪 1 个缺口代表 3，下缘剪 1 个缺口代表 1，左耳尖剪 1 个缺口代表 100，左耳上半部中心打 1 个洞代表 400。

打耳号时，要打在猪耳的软骨上，如只打在皮肤上，猪长大时就看不清了。两个缺口不要靠得太近，以免猪打架时把两个缺口中间相连接处咬掉。另外，打耳号时，应尽量避开血管，以减少流血。打完耳号后，要用碘酒消毒，以防感染。

(5)称重并登记分娩卡片。

(6)假死仔猪的急救。有的仔猪由于黏液堵塞气管或脐带在产道内拉断等原因，出生后停止呼吸，但心脏仍在跳动，这叫“假死”。急救的办法以人工呼吸最简便有效，操作时将仔猪四肢朝上，一手托着肩部，一手托着臀部，然后一屈一伸反复进行，直到仔猪叫出声后为止。也可采用在鼻部涂酒精等刺激物或针刺的方法来急救。如果脐带有波动，“假死”的仔猪一般都可以抢救过来。据报道，近几年来采用“捋脐法”抢救假死仔猪，救活率达 98%。具体操作方法是：尽快擦净胎儿鼻内的黏液，将头部稍高置于软垫草上，在脐带 20～30 cm 处剪断；术者一手捏紧脐带末端，另一手自脐带末端捋动，每秒钟 1 次，反复进行不得间断，直至救活。一般情况下，捋 30 次假死仔猪出现深呼吸，40 次时仔猪发出叫声，60 次左右仔猪可正常呼吸。特殊情况下，要捋脐 120 次左右假死仔猪方能救活。对救活的假死仔猪必须人工帮助哺乳，特殊护理 2～3 d，使其尽快恢复健康。

(7)剪除仔猪犬齿。仔猪的犬齿(上下颌的左右各 2 枚)容易咬伤同伴和母猪乳头，应从齿根部剪掉。刚出生时进行此项工作操作简便，但也有人认为仔猪出生后一周再剪犬齿较有利。

2.助产技术

在接产过程中，如果发现胎衣破裂，羊水流出，母猪用力时间较长，但仔猪生不下来，可能是发生难产。

(1)难产的原因。母猪过肥过瘦，过肥造成产道狭窄，过瘦则体弱分娩无力；妊娠期母猪营养过度，造成胎儿过大；近亲繁殖，使胎儿畸形；妊娠期由于缺乏运动，造成胎位不正；产仔时，人多嘈杂，其他动物如犬、猫等进入猪圈，使母猪神经紧张；母猪因生长发育不良，配种过早而发育不全；曾经开过刀有伤疤等情况，造成产道狭窄；母猪年老体弱，子宫收缩力弱，以及患其他疾病，致使母猪体弱而分娩无力等，都能造成母猪难产。

(2)助产技术。要熟练掌握“五字”措施。一是推，接产人员用双手托住母猪的后腹部，随着母猪的努责，向臀部方向用力推；二是拉，看见仔猪的头或腿时出时进，可用手抓住头或腿把仔猪拉出；三是掏，母猪用力努责，仔猪长时间仍生不下来，可用手慢慢伸入产道内掏仔猪，当掏出 1 个仔猪后，转为正产时，就不要继续掏了，掏后用手把 40 万 U 青霉素抹入阴道，防止患阴道炎；四是注，肌肉注射催产素 3～5 mL；五是剖，即以上措施都采用后，仔猪还是生不下来，就应立即送兽医站，请兽医做剖腹产。

母猪产仔结束后，要用来苏儿或高锰酸钾水擦洗母猪阴户和乳房，以免发生阴道炎、子宫炎和乳房炎。同时打扫产房，垫干土、换干净垫草，排出的胎衣及时清理，以免母猪由吃胎衣养成吃仔猪的恶习。训练仔猪固定乳头吃奶，这时接产工作才能结束。

(六)母猪分娩后的护理

母猪分娩过程中,一般不喂食,如果分娩时间过长,可喂些稀的热麸皮盐水,这样可补充体力,有利于分娩,又可防止母猪因过于口渴而发生吃仔猪的恶癖。

母猪分娩后,身体极度疲乏,常感口渴,不想吃食,也不愿活动,这时不要急于喂平时的饲料,只喂给热麸皮盐水汤即可。千万不可马上喂给大量浓厚的精饲料,特别是喂给大量的饼类饲料,以免引起消化不良和乳汁过浓而发生乳房炎和仔猪拉稀。母猪产后第 2～3 天,可根据母猪的食欲和膘情逐渐增加精料量。产后 1 周左右可转入哺乳期的正常饲养水平。

如果母猪体弱和膘情较差,产后泌乳量少或无奶,产后第 2 天就应加强营养,增加精饲料和饼类饲料,如有鱼粉等动物性饲料就更好。

母猪分娩后 3～4 d 内由于产后体弱,只能让它在圈内休息和活动。此时母猪最易受外界环境条件的影响,在各方面都应特别照顾。注意观察母猪的呼吸、体温、粪便和乳房情况,以防产后患病,特别是患高烧的疾病。产后第 4 天如天气晴朗无风,可让母猪到运动场去活动。

任务二 泌乳母猪的饲养管理

在正常的仔猪生产中,母乳是初生仔猪唯一的营养来源,是 30 日龄前仔猪的主要营养来源。泌乳母猪泌乳量的多少、乳质的好坏,直接关系到仔猪的生长发育,对仔猪育成率与断奶窝重影响极大。为了哺育好仔猪,必须加强泌乳母猪的饲养管理,在掌握母猪泌乳特点及其影响因素的基础上,满足泌乳母猪的营养需要,提高母猪的泌乳力。

(一)母猪的泌乳特点

母猪的乳腺构造特殊，与其他家畜不同。每个乳房由2～3个乳腺团组成，乳房间互不相通，自成一个功能单位。每个乳腺团像一串倒置的葡萄，由乳腺泡和乳腺管组成，乳腺管汇成乳管网，最后由一个乳头管通向乳头。母猪的乳池高度退化，已不能储存乳汁，因此，猪不能随时泌乳，仔猪也不可能随时吃到母乳。通常每个乳头上有2～3个乳头管。各乳头的泌乳量和品质不一，一般前部乳头的乳头管比后部要多，前部乳头比后部乳头的奶量高，仔猪因哺乳位置不同其增重也有差异。

猪乳的分泌在分娩后最初2～3 d是连续的，以后是由于仔猪拱揉吸乳的刺激有控制地放乳，不放乳时乳房中没有乳汁。每次放乳持续时间很短，一般只有10～20 s，多则几十秒。母猪产后大约每隔1 h排放乳汁一次，每昼夜平均22～24次，仔猪每天吸乳次数频繁。随泌乳期的进展，间隔时间逐渐拉长。母猪在放乳前，先发出哼哼声，称为“唤奶”，仔猪听到后，很快就会集聚在母猪腹部附近，待仔猪用鼻嘴拱揉乳房2～5 min后，便开始放奶。

在整个泌乳期内，各阶段泌乳量并不一致，泌乳高峰在产后21 d左右到来，以后奶量渐少。

(二)影响泌乳的因素

1. 品种

品种不同泌乳力差异较大，一般大型高产的瘦肉型和兼用型品种猪的泌乳力较高，而小型寡产的脂肪型品种猪的泌乳力较低。

2. 母猪胎次与初配年龄

一般第一胎泌乳力较低，第二、第三胎上升，第六、第七胎以后有下降的趋势。因此，初产母猪的泌乳力低于经产母猪。老龄母猪的泌乳力低，影响仔猪哺育成绩。初配年龄也与泌乳力有关,初配年龄过早或过晚泌乳力都不佳。

3.每窝哺育仔猪数量

一般带仔多对刺激乳腺发育和泌乳有良好的影响,带仔多的母猪比带仔少的母猪泌乳量要高。

4.乳头位置

前部、中部和后部的乳头泌乳量及乳质有差别;一般第 1 对乳头泌乳量多,第 2 至第 4 对乳头泌乳量几乎相同,第 5 对次之,第 6 对以后显著减少。前 4 对乳头分泌的乳汁质量较好,第 5 对以后较差。据研究,这与各乳头的乳腺血管分布有关。

5.环境因素

安静的环境有利于泌乳。据报道,60 d 泌乳期内,夜间比白天多泌乳 19.2 kg。因此,产房及哺乳母猪舍内,要严禁喧哗。适宜的环境温度,也有利于泌乳。潮湿炎热的夏天或疾风寒冷的冬天,母猪泌乳量降低。

6.营养因素

营养对提高母猪泌乳量有决定性的作用。泌乳母猪昼夜哺育仔猪,营养付出与体力消耗都很大,而它又没有充足的时间去寻食。因此,应增加精料的给量,控制日粮的容积和粗纤维的含量,尽量满足母猪对蛋白质、维生素、能量、矿物质等营养的需要。营养严重缺乏时,母猪出于繁殖本能,就会过多地动用自身的储备,这样使母猪过于消瘦,甚至比空怀母猪还要消瘦,危及母猪的健康,影响母猪断奶后的发情、配种及连续使用。

(三)泌乳母猪的饲养管理

泌乳母猪饲养管理的中心任务是提高泌乳量,以保证仔猪正常的生长发育。断奶后,母猪能正常发情、排卵和配种。为此,在饲养管理上要做到以下几点。

1.增加精料给量,满足对能量的需要

经测定,母猪产后 40 d 内泌乳量占全期的 70%～80%。所以，为提高母猪泌乳量，关键要抓好头 40 d 的饲养管理。而营养因素又是影响泌乳力的决定性因素，因此哺乳期应给予丰富营养，必须增加精料供给量，以满足对能量的需要。泌乳母猪每千克风干料应含消化能 2.9 Mcal(1 cal＝4.25 J)。研究证明，给泌乳母猪加料，在仔猪生产中，能提高断奶窝重和饲料利用率，有较高的经济效益。

需要指出的是：目前各地对母猪的饲养，妊娠期能量水平有的偏高，仔猪初生重多在 1.2～1.3 kg 以上。问题就在于泌乳期能量水平较低，混合料喂量多在每日每头 3.0～3.5 kg 以下，严重限制了母猪的泌乳能力和仔猪的生长发育，50 日龄仔猪体重一般不过 12 kg。母猪泌乳期饲养水平低，既降低了仔猪生产成绩，又严重浪费饲料。

一般来说，体重 180～220 kg 的母猪，泌乳盛期每头日喂混合料 5.5～6.0 kg 较为合适。

2. 合理供给蛋白质营养

猪乳中蛋白质含量较高，初乳为 17.8%，常乳为 6%～6.5%，并含有各种必需氨基酸，品质优良。因此，蛋白质营养的合理供给对提高泌乳量有着决定性的作用。据测，若喂给足量高品质的蛋白质饲料，能提高泌乳量 12%～20%。若饲粮中蛋白质不足或品质低劣，常造成泌乳量降低，严重影响仔猪生长发育。同时会使母猪消瘦，断奶后不能正常发情排卵与配种。一般哺乳母猪饲粮中粗蛋白质含量应为 14%左右。因此，在哺乳母猪饲粮中应搭配一定量的豆饼、花生饼等油饼类饲料。若油饼类饲料不足，可适当利用豆科牧草(如苜蓿草等)同时注意蛋白质饲料的合理搭配。有条件的地方可以喂些煮熟了的胎衣、小鱼、小虾、鱼粉等动物性饲料。此外，也可添加工业合成的氨基酸，努力提高蛋白质的生物学价值，使有限的蛋白饲料充分发挥作用，以满足泌乳母猪对蛋白质营养的需要。

3.满足矿物质、维生素的营养需要

猪乳中矿物质含量在1%左右，钙0.2%左右，磷0.15%左右。若矿物质不足，泌乳量降低，为保证泌乳的需要，母猪还要动用骨中的钙和磷。常常由此引起骨质疏松症而瘫痪，甚至造成骨裂或骨折。为满足矿物质给量，一般用骨粉、贝壳粉补饲，其给量应占饲粮2%或稍多些。食盐等矿物质的供给，可参照种公猪的给量。

维生素对维持母猪的健康、保证泌乳和仔猪正常生长发育都是必需的。猪乳中维生素含量并不恒定，是随母猪采食饲料中维生素含量多少而变化的。因此，对哺乳母猪应尽量多喂些富含维生素的饲料，通过乳汁保证仔猪维生素营养的供给。

4.充足的饮水及青绿多汁饲料的供应

猪乳中水分含量在80%左右。因此，充足的饮水对母猪泌乳十分重要。有些地方给泌乳母猪饮豆浆或粉浆，加喂一些南瓜、甜菜、胡萝卜等催乳饲料，效果良好。

经验证明，幼嫩的青绿多汁饲料，对提高母猪泌乳量、促进仔猪发育十分重要，应尽量选用品质优良的青饲料，打浆或粉碎喂给。青饲料不足，母猪泌乳不佳，仔猪易患下痢、肺炎，致使仔猪生长发育受阻，甚至引起死亡。

5.运动

运动能促进代谢，有利消化，增强母猪体质。同时接触土壤和啃食牧草，能获得一些微量元素和维生素，从而提高泌乳量，促进仔猪生长发育。通常母猪于产后1周即可在猪舍附近场地上进行自由运动，开始运动时间不应过长，以后逐渐增加，以不影响仔猪吃奶为度。分娩半个月后，可将仔猪带出，每天两次，时间可根据具体情况而定。

6.加强管理，防止疾病

哺乳期内母猪饲粮构成要保持相对稳定，不要骤变饲粮。要保证圈舍阳光充足，空气新鲜，清洁干燥。严防消化不良、便秘、风湿、感冒发烧等疾病的发生，一旦发生上述情况，不但直接影响母猪的泌乳量，而且乳的成分也会发生变化（俗称“火奶”），易造成仔猪消化不良或下痢。为改善母猪消化，改进乳质，预防仔猪下痢，母猪产后每天喂给 25 g 小苏打，分 2～3 次于饮水中投给。对粪便干硬和有便秘趋向的母猪，要多饮水，并适量喂些人工盐，或者是加喂一些青绿多汁饲料。

哺乳期更不应喂给发霉变质饲料，还要注意预防乳房损伤和乳房炎的发生。

母猪发病应及时诊治。对由于妊娠期营养不良或其他原因造成的产后无乳或奶量不足的母猪，除加强饲养管理以外，可喂给一些小米粥、豆浆、线麻籽糊、胎衣汤、鱼虾汤等进行催奶。对膘情好而奶量不足的母猪，除适当加强运动，喂给催乳饲料外，还可采用药物催奶。如用当归、王不留行、漏芦、通草各 30 g，水煎配小麦麸喂服，每天 1 次，连喂 3 d。另外，四叶参 250 g 一次煎服也可。催乳灵 10 片，一次内服等都是行之有效的办法。

母猪泌乳组织发育的如何，对提高泌乳量关系极大，6 月龄左右的后备母猪乳腺强烈发育，加强后备猪的饲养管理、按摩乳房等都可以促进乳腺发育，有利于产仔后泌乳量的提高。

任务三　哺乳仔猪的饲养管理

哺乳仔猪的养育是养猪生产的重要环节之一，是发展猪的数量、提高质量、降低成本、增加效益的关键。当前，在生产实践中存在的主要问题是哺乳仔猪成活率低，增重缓慢。养育哺乳仔猪的任务是获得最高的成活率和最大的断奶窝重。为此，我们必须掌握仔猪的生长与生理特点，采取相应的饲养管理措施，搞好仔猪的养育。

(一)哺乳仔猪的生长与生理特点

哺乳仔猪的主要特点是生长发育快和生理上不成熟，导致仔猪难养、成活率低。

1. 生长快、代谢旺盛

猪是多胎动物，仔猪出生时体重不到成年猪体重的1%，与其他家畜相比，所占比例最小。仔猪出生后生长发育特别快。30日龄时体重比初生重增长5～6倍，60日龄比30日龄增长2～3倍，60日龄时比初生重增长10～13倍。

由于仔猪生长快，机体物质代谢也相应旺盛。仔猪对蛋白质、能量、矿物质和维生素的需要量，按相对体重来说都高于成年猪。如20日龄仔猪，每千克体重沉积蛋白质9～14 g，而成年猪每千克体重沉积蛋白质0.3～0.4 g，仔猪是成年猪的30～35倍。所以仔猪对饲料营养的要求严格，当饲料中的营养物质能满足仔猪需要时，仔猪生长快，并能补偿在胎儿期间的不足。当饲料中的营养物质不能满足仔猪需要时，对仔猪生长发育起恶劣影响，形成发育迟缓的僵猪，严重时，即使改善饲养条件也不能得到补偿，所以在此阶段要供给优质全价饲料。

2. 消化器官发育不完善，消化机能不健全

初生仔猪消化器官在结构和机能方面都不完善。胃的重量和容积都小，仔猪出生时胃的重量为5～8 g，只能容纳乳25～40 mL。60日龄时胃150 g，容积增大约20倍，大、小肠的长度从出生到60日龄增大5倍，容积增加50倍左右。由于胃的容积小，排空速度快，所以哺乳次数多。随着日龄增加，胃的容积增大，排空时间变慢。3～5日龄胃的排空时间为1.5 h，30日龄时为3～5 h，60日龄时为16～19 h。

仔猪消化酶活性大多随日龄的增长而逐渐增强。仔猪胃中主要分泌凝乳酶和胃蛋白酶原。凝乳酶随日龄的增长，凝乳能力

逐渐增强。初生仔猪胃内有胃蛋白酶原，但胃内缺乏盐酸，不能激活胃蛋白酶原，所以胃内不能消化蛋白质，到40日龄左右胃内盐酸浓度增加，才具有消化蛋白质能力，给仔猪早期补料可刺激胃分泌盐酸。

仔猪的消化主要在小肠内进行，出生时小肠前端分泌乳糖酶，专门分解乳糖，乳糖酶生后第1周活性最强，随日龄增加而活性逐渐减弱，被胰淀粉酶替代。3周龄时胰淀粉酶活性最高，对淀粉和其他糖类消化利用较好。出生时仔猪蔗糖酶和麦芽糖酶较少，生后10日龄内很难消化蔗糖。仔猪对各种糖类的利用：葡萄糖不需消化适于任何日龄，乳糖适于幼猪，5周龄后不适宜，麦芽糖适于任何日龄但不及葡萄糖，蔗糖不宜于幼猪，9周龄后较适宜，果糖不适于幼猪，木聚糖不适于2周龄前。淀粉要熟食。胰脂肪酶随日龄增加而增多，但胰脂肪酶需胆汁激活，仔猪生后胆汁分泌量少，不能激活胰脂肪酶，因此消化脂肪能力很弱，3周龄以后胆汁分泌才逐渐增加。猪乳中脂肪是以乳化状态存在，仔猪可以消化吸收。

3. 缺乏先天免疫力容易得病

免疫抗体是一种大分子结构的γ-球蛋白，由于猪的胎盘结构复杂，母猪的血管与胎儿的脐血管之间被6～7层组织隔开（人3层，牛、羊5层），限制了母体中的抗体通过血液向胎儿转移。仔猪出生时，由于缺乏免疫抗体，而没有先天免疫力。初乳中具有一定数量的免疫抗体，当仔猪吃到初乳后，靠初乳把母体的抗体传递给仔猪逐步过渡到自体产生抗体而获得免疫力。

母猪初乳中蛋白质含量很高，每100 mL含总蛋白质15 g以上，可溶性的乳清蛋白11 g左右，其中60％～70％是运载抗体（免疫球蛋白）γ-球蛋白，但维持时间很短，3 d以后即降至0.7 g左右，泌乳的第7天，即常乳中仅含0.3 g左右。

仔猪出生后24 h以内对初乳中抗体的吸收量最大，此阶段肠道黏膜组织绒毛上皮细胞处于原始状态，对蛋白质的通透性较高，又由于乳清蛋白与血清蛋白的成分接近，当仔猪吸食初乳后，经肠壁的胞饮作用，可直接吸收到血液中，使仔猪血清中的 γ-球蛋白水平很快提高，由初生时的含量甚微，到吸食初乳后 24～48 h，其含量增至 5 g 左右，约占血清蛋白的 45%，免疫力提高。仔猪出生 36～48 h 以后，随肠道发育通透性的改变，胞饮作用关闭，肠壁的吸收能力显著降低。初乳中免疫球蛋白含量虽高，但维持时间很短，而很快降低。10 日龄以后，仔猪自体可产生抗体，主动免疫体系已开始行使功能，至 3 周龄时，自体产生的抗体数量仍很少，5～6 周龄时，逐步达到成熟水平，每 100 mL 血液中含免疫球蛋白 65 mg。因此，3 周龄是最关键的免疫临界期，免疫球蛋白青黄不接，又因胃液中游离盐酸很少，仔猪已开始补饲，随饲料和饮水进入胃中的病原微生物缺少抑制作用，致使仔猪多病，甚者死亡。

4. 调节体温机能不全对寒冷应激力差

猪是恒温动物，在正常情况下，不论在什么环境中生存，都要在神经系统的调节下，发生一系列的应激反应，维持体温恒定。

仔猪出生时，控制适应外界环境作用下的下丘脑、垂体前叶和肾上腺皮质等的机能虽已相当完善，但大脑皮层发育不全，垂体和下丘脑的反应能力以及为下丘脑所必需的传导结构，其机能较低，因此，适应环境和调节体温的应激能力很差，在低温环境中，不能维持体温正常，故有“小猪怕冷”之说。

据研究，初生仔猪的临界温度是 35℃，如处在 13～24℃的环境下，仔猪出生后 1 h 体温降低 1.7～7.0℃，尤其是在生后 20 min 内，由于羊水蒸发，体温下降更为明显。吸食初乳后的健壮仔猪，在 18～24℃的环境下，约 2 d 以后方可恢复到正常体温。如将初生仔猪裸露在 1℃的环境中，2 h 可冻昏、冻僵，甚至冻死。

猪的体温调节是受神经系统控制的，通过物理的、化学的两种形式放散或增加体内的热量进行调节。当环境温度低于临界温度，靠物理调节不能维持正常体温时，就要靠化学调节，利用体内的脂肪氧化产热，维持体温正常。初生仔猪对体温的调节主要是靠皮毛、肌肉颤抖、竖毛运动和挤堆共暖等物理作用，但仔猪被毛稀疏，皮下脂肪很少（不足体重的 1%），且为细胞膜组织，保温隔热能力很差，又由于大脑皮层调节体温的机制发育不全，不能协调进行化学调节。同时，初生仔猪体内能源贮备有限，每 100 mL 血液中，仅含血糖 100 mg，当仔猪吸食初乳后，得到脂肪和糖的补充，血糖含量上升，但脂肪尚不能作为能源被直接利用，出生 24 h 以后，氧化脂肪的能力开始加强。仔猪化学调节能力 9 日龄得到改善，20 日龄逐步接近完善。仔猪化学调节体温机能的发育，可分为三个阶段：出生至 6 日龄为贫乏调节阶段；7～20 日龄为渐进发育阶段；20 日龄以后为充分发育阶段。因此，保持圈舍环境温度是提高哺育率和断奶重的重要措施之一。

（二）仔猪的营养需要

从出生到断奶（4～5 周龄）为哺乳期，此阶段仔猪营养主要来自母乳，一头哺乳仔猪每日吃 700～1 000 g 乳汁，含干物质 140～200 g，能满足仔猪 3 周龄的需要，母猪泌乳量与仔猪日增重成剪刀差，交叉点在 3 周龄左右。仔猪 3 周龄以后除母乳外，还需采食饲料补充营养。仔猪对饲料采食量大致认为：2～3 周龄日采食量 4 g，3～4 周龄日采食 14 g，分别占采食总干物质的 2%～7%。据测定，仔猪从出生到 5 周龄，每头采食量不超过 500 g。养好泌乳母猪提高泌乳量，是提高哺乳仔猪日增重和成活率的关键。

断奶仔猪的能量浓度世界各国均在 3.3～3.5 Mcal/kg 消化能，试验证实，3.0 Mcal/kg 消化能偏低。粗蛋白质在 5～10 kg 阶段为 22%～20%，10～20 kg 阶段为 19%～18%。必需氨基酸的配比要合理，赖氨酸应占饲粮 1.25%，蛋氨酸＋胱氨酸为赖氨酸的 55%，苏氨酸为赖氨酸的 60%。

仔猪生长发育快,需要的钙、磷和其他矿物质多。饲料中含钙 0.8%～1.2%,含有效磷 0.35%～0.45%。其他微量元素和维生素最好使用复合预混料。

(三)提高哺乳仔猪成活和增重的措施

1.哺乳仔猪关键性时期

依据仔猪出生后的环境变化,哺乳仔猪的生长与生理特点和死亡原因分析,养好哺乳仔猪要抓住关键性时期。

仔猪出生后,由于生存环境发生了根本变化,如不采取相应的护理措施,会导致仔猪增重缓慢,发病或死亡。

(1)仔猪出生后,由原来在母体内靠胎盘进行气体交换、摄取养料和排出废物,转变为自行呼吸,采食和排泄。

(2)在母体子宫内所处的环境条件相当稳定,出生后,直接与复杂的外界环境接触,由于调节体温的机能不健全,对寒冷的应激能力差,机体内能源贮备有限,脂肪和血糖含量很低,若不及时采取保温措施,常会发生冻僵、冻晕和冻死。

(3)在母体子宫内处于无菌环境,出生后,不仅处于有菌环境,而且不能从母体获得足量的抗体(常乳中无免疫抗体),易得病死亡。因此,仔猪在 7 日龄以内是第一个关键性时期,应加强护理。母猪的泌乳量一般在分娩后 21 d 达到高峰,而后逐渐下降,仔猪的生长发育随日龄增长而迅速上升,母乳下降,仔猪对营养的需求增加,如不及时给仔猪补饲,容易造成仔猪增重缓慢、瘦弱、患病或死亡,因此,7 日龄左右训练仔猪认料,早期开食是养好仔猪的第二个关键性时期。仔猪 1 月龄以后,食量增加,是仔猪过渡到全部靠采食饲料独立生活的重要准备时期,称此为养好仔猪的第三个关键时期。

2.哺乳仔猪养育技术

(1)抓乳食过好初生关。仔猪生后 20 d 以内主要靠母乳生活,初生期的主要特点是怕冷易病,因此,让仔猪获得充足的母乳是促使仔猪健壮生长的根本措施，保温防压是护理的关键。

①固定乳头，吃好初乳。仔猪出生后即可自由行动，随即靠触觉寻找乳头吸乳，从出生到第一次吸乳相隔 3～15 min。弱小仔猪因四肢无力，行动不灵，往往不能及时找到乳头或被挤掉；在环境温度偏低的情况下，仔猪被冻僵而不会吮乳；母猪放乳时间很短，而使个别仔猪不能及时吃到初乳。为此，仔猪出生后应给以人工扶助，让所有的仔猪尽早吃到初乳，以增强体力，补充水分，恢复体温。

母猪的乳汁按化学成分和生理作用的不同分为初乳与常乳。初乳是母猪分娩后 5～7 d 内分泌的淡黄色乳汁，此后的乳汁为常乳。初乳中干物质、蛋白质高于常乳，维生素丰富，含有免疫抗体，又含镁盐，具有轻泻作用，可促使胎粪排出，初乳酸度较高，有利于消化酶活动。初乳中的各种营养物质，在小肠内几乎全被吸收，有利于增长体力和产热，因此，初乳是仔猪不可缺少的食物。

仔猪有固定乳头吸乳的习性，一经认定至断乳不变。哺乳的定位一般分为四个阶段，即找乳头（0～2 h），选乳头（2～6 h），占乳头（6～18 h），定乳头（18 h 以后）。前三个阶段，由于仔猪相互争夺和咬斗，不仅消耗大量能源，而且易咬伤母猪的乳头。在仔猪出生后结合自选加以人工扶助，尽快让仔猪选定乳头。扶助仔猪固定乳头既可扶弱抑强，让弱小仔猪固定在泌乳量大的乳头上哺乳，使其全窝仔猪增重均匀，又能缩短争斗时间，因此，扶助固定乳头是一项重要的保健护理措施。

仔猪哺乳活动量大，首先要拱揉母猪乳房，刺激乳腺活动，而后母猪放乳，且放乳时间很短，一定要保持环境安静。

②加强保温，防冻防压。母猪冬春季节分娩造成仔猪死亡的主要原因是被母猪压死或冻死，尤其是出生后 3 d 以内，仔猪受冷后行动不灵，不会吸乳，钻草堆，常卧在母猪腋下。环境温度对仔猪每日耗奶量和代谢效率亦有影响，据报道，2 日龄的仔猪在环境

温度 8.3℃的条件下，日耗奶量 563 g，7.2℃ 时为 585 g，相差 22 g；7 日龄的仔猪在以上两种温度下，后者的日耗奶量增加 120 g。将 14 日龄的仔猪分别置于不同的环境温度下，代谢效率以 30℃为最高。

仔猪适宜的环境温度：1～3 日龄 30～32℃，4～7 日龄 28～30℃，15～30 日龄 22～25℃。

保温是防压的关键，保温防压的办法很多。如采取季节分娩制，让母猪在 3～5 月份和 9～10 月份分娩，以避免严寒或酷暑天气的影响。如采取全年分娩制，应设置产房，堵塞风洞，加铺垫草，保持干燥。可设护仔栏(架)，有些母猪体大笨重，行动迟缓或母性不好，起卧时易踩伤或压死仔猪，特别是在分娩后的 3 d 内，母猪疲倦，仔猪软弱，仔猪易被压死。可在猪栏内用钢管、圆木或毛竹(直径 6～10 cm)，距墙和地面各 20 cm，装设护仔栏，防止母猪压死仔猪。亦可设仔猪保育箱或保育补饲栏，在猪栏的一侧用木栏、铁栏或砖隔开，宽 70 cm，长 1.5 m(以容纳仔猪采食为度)，地面铺上厚而柔软的垫草，一侧留有仔猪的出口，为了保温可在上方设置红外灯。还可以设暖床，在产房的仔猪保育间设火炕或保温垫，火炕的建设是以相邻的两个猪床中间隔为火道，两侧地下各挖深为 25 cm 的烟道，上面铺砖，其上再覆以 4 cm 厚的草泥。保温垫可以用电热丝或热水管为热源，在产房内生火炉、供暖气或保育间上面加盖草帘、塑料布等保暖。

目前很多猪场的产房多采用有窗封闭式冬季供暖(火炉或暖气)猪舍，实行高床扣栏产仔，两侧为仔猪活动区，一侧设补料槽和自动饮水器，一侧设保育箱，其上用红外灯或下面用电热板以及热风器等，提高局部的环境温度。

在高床扣栏内饲养的哺乳仔猪，除加强常规的护理外，为适应规模化、集约化养猪的要求，仔猪出生后宜立即剪犬齿，剪尾巴，不作种用的猪进行阉割。

附：仔猪保温箱的制作

材料：厚度为 2～3 cm 的木板。

尺寸：长、宽、高各 80～100 cm。

设计：保温箱可作无底箱，也可以作有底箱，在箱壁一侧的下部设一高、宽各 20 cm 左右的小门，作为仔猪出入通道。箱的上盖为与箱等宽、等长的两块活动箱顶木板，以便观察猪只活动情况。

应用：母猪临产时，把仔猪保温箱放置在猪窝的一角，木箱靠墙，稍加固定。箱底铺上清洁、干燥、柔软的垫草，箱顶挂上 250 W的红外线灯泡，通电升温到 25℃左右。灯泡距离仔猪背部 30～40 cm，切忌灯泡接触仔猪皮肤和垫草，以免烧伤仔猪或引起火灾。随着仔猪日龄的增长和对温度的需求，可适当调节灯泡的高度。

从产仔开始，边产边把仔猪放进箱内保温，堵好出入道口，同时可做乳前免疫注射、打耳号等。待仔猪固定乳头哺足初乳后，将其慢慢赶入箱内，每隔 1 h 放出仔猪哺乳 1 次，这样连续调教 3～5 次后，仔猪可自动出入保温箱。

(2)抓开食过好补料关。哺乳仔猪体重的迅速增长，对营养物质的需求量与日俱增，母猪的泌乳量在分娩后第 3 周达到高峰后逐渐下降，不能满足仔猪对营养物质的需求，仔猪 3 周龄母乳能满足的营养物质占 97%，4 周龄 84%，5 周龄 50%，7 周龄 37%，8 周龄 27%，如不及时补饲，直接影响仔猪的生长发育，及早补饲还可以锻炼仔猪的消化器官，促进其机能发育，又可防止下痢，并为安全断乳奠定基础。

①矿物质的补充。铁是造血和防止营养性贫血的必需元素，仔猪出生时体内铁的贮存量约为 50 mg，每日生长需 7～11 mg，母乳中含铁量很少(每 100 g 乳汁中含铁 0.2 mg)，给母猪补铁不能提高乳中铁的含量。因此，仔猪体内的铁很快耗尽，如得不到

补充，一般于7日龄左右出现贫血，食欲减退，被毛散乱，眼结膜苍白，生长停滞，患白痢等，严重者死亡。仔猪是否缺铁可按100 mL血液中的血红蛋白含量进行判断（表3-1）。土壤中含有铁，放牧饲养的仔猪可以得到铁的补充，圈养尤其是在水泥地面上饲养的仔猪缺铁现象更为严重。通常用的补铁方法有如下几种。

表3-1　血红蛋白含量与仔猪生长

每100 mL血液中血红蛋白含量/g	仔猪表现
10以上	足用，生长良好
9	符合最低需要量
8	贫血临界线
7	贫血，生长受阻
6	严重贫血，生长显著缓慢
4以下	严重贫血，死亡率提高

铁铜合剂补饲法：铜也是造血和酶的必需原料，仔猪于3日龄开始补铁铜合剂。制作方法是将2.5 g的硫酸亚铁和1 g的硫酸铜，溶于1 000 mL的水中，装入瓶内，每日1～2次，每头每日10 mL，可用乳瓶喂给。当仔猪认料开食后，可将合剂拌在饲料中补饲，30日龄后浓度可提高1倍。

铁钴合剂注射法：仔猪于3日龄，肌肉或皮下注射右旋糖酐铁钴合剂1～2 mL（视浓度而定，每毫升含铁50 mg），7日龄时再注射2 mL。据广西壮族自治区西江农场试验，仔猪2日龄注射培亚铁针（主要成分为葡聚糖铁）1 mL（含铁100 mg），10日龄再注射2 mL，提高了仔猪的增重和哺育率。

矿物质舔剂法：为满足仔猪对多种矿物质和微量元素的需要，于仔猪5日龄在补饲间放置盛有骨粉、食盐、木炭末、红土或新鲜草根土，拌上铁铜合剂的小槽，让其自由采食。

硒的补充：硒与维生素 E 具有类似的抗氧化作用，补硒有防止拉稀、肝坏死和白肌病之效。于仔猪生后 3 日龄肌肉注射 0.1%亚硒酸钠 0.5 mL，断乳时再注射 1.0 mL，在缺硒地区可普遍使用。

随着饲料添加剂研究的进步，美国 Ashmead 1977 年模拟体内铁的代谢，研制出一种铁质螯形化合物“氨基酸铁”，商品为“血铁粒”，螯合铁的分子质量小，易通过胎盘进入胎儿体内，可用于饲喂分娩前后的母猪，提高仔猪出生时体内铁的含量，并有效地防止生后缺铁性贫血的发生。中国台湾省派斯特有限公司应用二分子甘氨酸螯合铁（爱铁旺）喂母猪，可将铁质转移给胎儿，亦可直接喂给仔猪，均获得良好的效果。

据苏承宗等的研究，哺乳仔猪最适的补铁时间是 3～6 日龄，肌肉注射 2.5%右旋糖酐铁（上海第一制药厂生产）2 mL（含铁 100 mg），效果优于 9 日龄注射的仔猪。最适的补铁剂量，每头注射 100 mg、150 mg、200 mg，其效果无显著差异。

②水的补充。水是动物血液和体液的主要成分，它是消化、吸收、运输养分和带走废物的溶剂，可调节体液电解质的平衡。由于仔猪生长迅速，代谢旺盛，母乳较浓（乳脂率 7%～11%），故需水量较多。如不及时给仔猪补水，会因喝污水或尿液而引起下痢，得不到水的补充而致失水。因此，在仔猪生后 3～5 日龄起可在补饲间的水槽内补给清洁的饮水，要保持新鲜并稍加甜味剂。补饮含电解质的水，有防病和促进增重的效果。据报道，用含盐酸 0.3%的水，补给 3～20 日龄的仔猪（此后改为清水），因盐酸有弥补胃液分泌不全，激化胃蛋白酶活性的效能，使断乳重（60 日龄）提高 13%。P. W. Blackburn 1983 年建议电解质水的配方：葡萄糖 45 g，氯化钠 8.5 g，柠檬酸 0.5 g，甘氨酸 6 g，柠檬酸钠 120 mg，磷酸二氢钾 400 mg，加入 2 L 的水中。如原料不全可简化为：葡萄糖 20 g，碳酸氢钠 2 g，维生素 C 0.06 g 或者葡萄糖

15 g,食盐 3 g,溶于 1 L 的水中,让哺乳仔猪连饮 10～15 d,断乳仔猪连饮 4～5 d。

③饲料的补充。补料的目的是弥补母乳不足,促进仔猪胃肠发育,解除牙床发痒,提高增重。应于 5～7 日龄开始训练仔猪认料。

仔猪认料开食的迟早与其体质、母猪的乳量、饲料的适口性、诱导训练方法以及环境温度有关。训练仔猪认料开食是一项复杂细致的工作,创造适宜的环境温度,选择香甜、酥脆的颗粒料,并顺应仔猪消化生理的特点和行为习性进行诱导训练,可取得良好效果。

仔猪出生时已有上隅齿和犬齿八枚,6 日龄前后臼齿开始生长,而致牙床发痒,对地面上的东西用闻、拱、舔、咬等进行探究,喜啃咬垫草、木屑、碎砖石等硬物,可以利用这种探究行为和模仿习性诱导吃食。仔猪 5～7 日龄时,可在补饲间撒放适口性好,易于消化的炒玉米、高粱、大麦等让仔猪拱啃;用甜味多汁料或加糖粥状料诱其采食,在仔猪的饲粮中加甜味剂(糖或糖精等)及香料诱其采食。诱导仔猪认料开食的方法可采用母教子法和大带小法。将母猪食槽放低,母猪采食时仔猪可一起拱啃饲料;7 日龄左右的仔猪可让其在圈外自由活动,随日龄大、能采食饲料的仔猪补饲,日龄小的仔猪可模仿拱啃饲料。

(3)抓旺食过好断乳关。随仔猪体重的增长和消化机能的逐渐完善,仔猪 20 日龄已可采食补料,30 日龄可进入旺食阶段,应加强补饲。

①要多样饲料搭配。富有营养,适口性好。要特别注意蛋白质和氨基酸的含量,每千克饲粮的消化能不低于 3 300 kcal,粗蛋白质 18%以上,赖氨酸 0.9%。哺乳仔猪对粗纤维和植物性蛋白质消化率不高。仔猪开食后,应选用适口性强,易消化的饲料配

制饲粮。在哺乳仔猪的饲粮中加入脂肪和糖，不仅可以提高能量水平，而且适口性亦强，可增进仔猪的食量，加快体重的增长。

仔猪全价日粮的重要性已如前述，如蛋白质水平不足时，可添加氨基酸，尤其是赖氨酸，对仔猪增重有明显的促进作用。在仔猪的饲粮中添加一定数量的有机酸和抗生素可增强抗病能力并促进生长发育，日龄小的仔猪添加后其效果更高，随日龄增长其效果下降。

②注意补饲次数，增进食量。仔猪断乳窝重是衡量仔猪哺育成绩的综合指标。断乳窝重由断乳仔猪头数和断乳个体重构成。断乳个体重取决于初生重、母猪泌乳量和仔猪补料量，三者与8周龄个体重的相关系数分别为0.55、0.50和0.88。哺乳期间的增重可用以下公式估计。

$$哺乳期增重(kg)=初生重\times 0.89+补料量\times 0.49+2.57$$

2.57是一常数，表示母乳的作用，如断乳个体重超过初生重的0.89倍与2.57之和，其差数即为补料的作用。因此，抓住仔猪旺食阶段，增进采食量是养好仔猪提高断乳重的关键。由于哺乳仔猪胃肠容积小，消化机能尚不完善，排空快，易饥饿，贪食，如因过食可导致消化紊乱或腹泻，为此，选用的饲料质量、形态，饲喂方法和次数等应适合仔猪的要求。

综上所述，“抓三食，过三关”是养好哺乳仔猪，争取仔猪多、匀、健、壮的有效措施。三者间相互联系和渗透，环环扣紧方见实效。认真改善哺乳仔猪的生存环境，创造适宜的环境温度，保持清洁、干燥、通风良好的环境条件，保持安静的生活环境与良好的群居关系。危害仔猪的疾病很多，较为严重和多发的是拉痢和内、外寄生虫，搞好环境卫生，定期消毒和预防注射，加强对仔猪红痢、仔猪黄痢和仔猪白痢防治。

3.香味剂的作用与效果

猪的饲料香味剂是根据不同生长阶段的生理特性、采食习性，为改善饲料的诱食性和适口性而添加到饲料中的香味添加剂。有仔猪用、断乳仔猪用、生长肥育猪用香味剂，分固体型和液体型两种。

(1)香味剂的作用机理。“香”可以产生诱食作用，刺激猪的嗅觉而多采食饲料；“味”可提高适口性，刺激猪的味觉，不仅增加采食量，而且刺激唾液分泌和胃肠蠕动，促进饲料的消化吸收，从而达到加速猪的生长和提高饲料利用效率。只重视配合饲料的全价性和平衡性，忽视了饲料的适口性和消化性，就达不到应有的目的。

(2)香味剂对仔猪的添加效果。据美农公司的试验，添加香味剂可使仔猪采食量和日增重均提高8%，在仔猪饲料中添加奶香型香味剂，可使仔猪提前开食，提前断乳。中国台湾省用广州化十营养保健饲料有限公司研制生产的化十香味素，对3～6周龄哺乳仔猪的试验表明，采食量比对照组提高5.88%，日增重提高12.5%；对断乳仔猪(6～10周龄)的试验，采食量比对照组提高6.67%，日增重提高12.23%。中国农业科学院畜牧研究所对早期断乳(29日龄)的仔猪进行了一个月的研究，采食量比对照组提高11.6%，日增重提高19.6%，饲料消耗下降7.3%。在生长肥育猪的饲料中添加香味剂，可加速生长，缩短饲养周期，提前5～7 d出栏。

吴世林等用28日龄断奶仔猪对美国生产的三种香味剂进行了试验，甜香精组效果最优(表3-2)。

(3)香味剂的应用前景。香味剂是养殖业和饲料工业发展到一定阶段的必然产物，发展潜力很大，应用前景广阔。添加香味剂有利于提高配合饲料的质量档次，增强竞争能力；有利于开发利用新的饲料资源，降低原料成本；有利于养猪生产水平和经济效益的提高。

表 3-2　香味剂添加效果

组别	对照	甜香精	仔猪香	仔猪宝
日增重/g	271	323	292	303
每千克增重耗料/kg	1.38	1.32	1.33	1.36

4.酶制剂的作用与效果

酶是生物细胞原生质生成的一类具有高度催化剂活性的蛋白质,有生物催化剂之称。分为蛋白酶类、淀粉酶类、纤维素分解酶类、糖分解酶类和复合酶5种。猪的饲料中使用酶制剂的目的,在于提高饲料营养成分的利用效率,补足机体内酶原不足,降解饲料中难消化的营养成分。在仔猪料和断乳仔猪料中添加酶制剂均得到良好的效果。

据贺建华报道,用含中性蛋白酶、α-淀粉酶和β-葡聚糖酶的混合物,加入早期断乳仔猪的饲粮中,日增重比对照组提高23.18%,饲料消耗下降15.54%。据周菊香报道,在断乳仔猪的日粮中添加酸性蛋白酶(每头1 g),日增重比对照组提高19.4%;添加淀粉酶(每头1 g),日增重比对照组提高20.3%。据邓跃林等的研究,用美国产的八宝威和国产的酶制剂添加在仔猪的日粮中(八宝威0.8 kg/t,国产酶制剂1 kg/t),两种酶制剂添加效果优于对照组(差异极显著),八宝威组和国产酶制剂组差异不显著,前者日增重比后者提高5.7%,饲料消耗比后者下降3%。

(四)多产仔猪的养育

我国猪种以产仔多著称,产仔数往往超过母猪的有效乳头数;有时仔猪生后不久,母猪患病或死亡,对这些仔猪可采用寄养或人工哺育。

1.寄养

在猪场同期有一定数量母猪产仔的情况下,应将多产或无乳吃的仔猪寄养给产仔少的母猪。寄母应选择性情温和,母性好泌乳量高的母猪；两窝仔猪的日龄（最好不超过 3 d）、体重接近。母猪靠嗅觉辨认仔猪，寄养前可将寄养的仔猪和原有仔猪放在一起，经过 40 min 左右的时间，两窝仔猪的气味已基本接近，或把两窝仔猪涂擦臭药水或母猪乳汁，以避免母猪拒绝授乳或咬伤寄养的仔猪。有时因仔猪寄养过晚而不吸食寄母的乳汁，可适当延长其饥饿时间。

2. 人工哺乳

当母猪无乳或死亡，仔猪又不能寄养时，可采用人工哺乳。3 日龄以内的仔猪喂给以牛乳为主的人工乳，并加喂母猪血清，10 日龄以后补喂婴儿糕干粉，21 日龄喂给仔猪料。

（五）哺乳仔猪的去势与预防注射

养猪业发达的国家将不留作种用的仔猪，大多不经去势进行肥育，国外猪种性成熟迟，体重达 90～100 kg 需时短，未经去势肥育的猪瘦肉产量高、日增重高、饲料报酬高。现阶段我国大部分地区的养猪，将不留作种用的仔猪在断乳前进行去势（小公猪于 15 日龄左右，小母猪可适当推迟几天），然后进行肥育。早期去势，伤口愈合快，手术简便。

为防止疫病发生，仔猪在哺乳期间进行猪瘟、猪母毒、猪肺炎、仔猪副伤寒等疫（菌）苗注射。

切忌在断乳前后一周内进行去势或预防注射，以免加重刺激，影响仔猪的生长发育。

【测评作业】

1. 母猪分娩前应做好哪些准备工作？
2. 简述母猪临产征兆。
3. 简述接产与助产操作要点。
4. 简述哺乳仔猪养育技术要点。

【考核评价】

产房生产管理技能考核评价表

<table>
<tr><td>专业班级</td><td></td><td>姓名</td><td></td><td>学号</td><td></td></tr>
<tr><td colspan="6">一、考核内容与标准
说明：总分 100 分，分值越高表明该项能力或表现越佳，综合得分≥90 为优秀，75≤综合得分<90 为良好，60≤综合得分<75 为合格，综合得分<60 为不合格。</td></tr>
<tr><td>考核项目</td><td>考核内容</td><td colspan="3">考核标准</td><td>得分</td></tr>
<tr><td rowspan="5">过程考核</td><td>操作态度
(10 分)</td><td colspan="3">积极主动，服从安排</td><td></td></tr>
<tr><td>合作意识
(10 分)</td><td colspan="3">积极配合员工，善于合作</td><td></td></tr>
<tr><td>分娩前准备
(10 分)</td><td colspan="3">联系生产实际，条理清楚、内容准确完整</td><td></td></tr>
<tr><td>接产与助产
(30 分)</td><td colspan="3">联系生产实际，条理清楚、内容准确完整</td><td></td></tr>
<tr><td>哺乳仔猪养育
(20 分)</td><td colspan="3">联系生产实际，条理清楚、内容准确完整</td><td></td></tr>
<tr><td rowspan="2">结果考核</td><td>结果综合判断
(10 分)</td><td colspan="3">条理清楚、内容准确完整</td><td></td></tr>
<tr><td>实习记录与总结
(10 分)</td><td colspan="3">实习记录完整，字迹工整，总结报告结构完整，体会深刻，上交及时</td><td></td></tr>
<tr><td colspan="5">合计</td><td></td></tr>
<tr><td colspan="6">综合分数：______分 优秀（ ） 良好（ ） 合格（ ） 不合格（ ）</td></tr>
<tr><td colspan="6">二、综合评价
（该学生是否掌握了该岗位的专业知识、专业技能及掌握程度，能否通过该岗位技能考核）

考核人签字：
年 月 日</td></tr>
</table>

说明：此表由校内教师或者企业指导教师填写。

项目四

保育猪生产与管理岗位技能

工作目标

1. 保育期成活率 97%以上。
2. 7 周龄转出体重 14 kg 以上。
3. 9 周龄转出体重 20 kg 以上。

工作任务

任务一　断乳仔猪的饲养管理

仔猪哺乳到一定日龄即停止哺乳，称此为断乳。断乳是仔猪生活条件发生第二次巨大转变，由依靠母乳和采食部分饲料过渡到完全依靠采食饲料的独立生活时期，如饲养和护理不当，导致增重缓慢，患病或死亡。

(一)仔猪断乳日龄及方法

1. 断乳日龄

仔猪断乳日龄应根据猪场的性质、仔猪的用途及健康状况、母猪的利用强度和饲养条件而定。我国有些种猪场过去多采用60日龄断乳,群众养猪采用30～50日龄断乳(多数是45日龄),故有“猪离母四十五”之说。近年来,随着猪的营养及人工乳研究的进步,为提高母猪的利用强度和年生产力,仔猪的早期断乳较为广泛地应用于生产。将2～6周龄仔猪断乳称为早期断乳,早于2周龄的断乳称为超早期断乳。目前,对最适宜的断乳日龄虽无定论,但一般认为超早期断乳往往对母猪生殖系统的恢复过程有不良影响,导致受胎率低,胚胎死亡率高,反而降低了母猪的年生产力。而早期断乳是可行的。早期断乳的优点如下。

(1)提高母猪的利用强度。早期断乳可缩短母猪的繁殖间隔,母猪的繁殖周期包括配种期、妊娠期和泌乳期,除妊娠期基本不变,配种期尤其是泌乳期是可以变化的,可见,仔猪早期断乳可缩短繁殖周期,增加母猪的生产窝数。配种期为1周,妊娠期为16.5周,采用6周龄断乳,繁殖周期为23.5周,母猪年产2.2窝;如采用3周龄断乳,繁殖周期为20.5周,母猪年产2.4窝。

(2)提高饲料利用率。在哺乳的情况下,仔猪对饲料的利用是通过母猪转化为乳汁后利用,饲料利用率为20%～30%(能量每经一次转化约损失20%),仔猪早期断乳可直接利用饲料中的营养,减少了转化层次,饲料利用率可提高到50%～60%。据国外报道,30日龄与60日龄断乳相比,每千克增重节省31%～39%的饲料和20%～32%的可消化粗蛋白质。

(3)提高仔猪60日龄体重和均匀性。母猪的泌乳量一般从仔猪21日龄起已不能满足需要,对早期断乳的仔猪,可根据其对营养需要配制全价平衡的日粮,有利于促进生长潜力的发挥,减少弱猪、僵猪的比例,获得体重大而又均匀的仔猪。据陈延济等研究，28 日龄、35 日龄、45 日龄断乳与对照组 60 日龄断乳相比，60 日龄断乳增重高于早期断乳，60 日龄以后的增重则高于对照组。美国近几十年来，随着养育技术的改进和断乳日龄的提前，猪的增重明显提高(表 4-1)。

表 4-1　断奶日龄与效果

年代	断乳周龄	8 周龄体重/kg	哺乳期日增重/g	饲料报酬/kg	达 90 kg 体重月龄
30	8	14	500	＞4	8
50	7～8	18	600	3～4	6
70	3～4	20	700～800	＜3	5

(4)减少饲料消耗。仔猪早期断乳，对母猪来说可减轻失重，节省饲料用量。据北京试验猪场测定，仔猪实行 35 日龄断乳，每个繁殖周期要比 60 日龄断乳节省饲料 70～90 kg。母猪哺乳期间的失重，无疑要靠采食更多的饲料，据湖北省农业科学院畜牧兽医研究所的试验，仔猪 28 日龄断乳，母猪失重 9.65 kg，60 日龄断乳，母猪失重 44.75 kg，后者多消耗精料 48.8 kg。

(5)减少仔猪死亡。压死和下痢是仔猪死亡的主要原因，母仔早期分离，可以防止母猪压死仔猪和减少仔猪传染疾病和寄生虫病的机会，提高仔猪的哺育率。

2.断乳方法

断乳应激对仔猪影响很大，使生长发育受阻，所以在生产中需采用适宜的方法。

(1)一次断乳。当仔猪达到预定的断乳日期，断然将母猪与仔猪分开。由于突然断乳，仔猪因食物和环境的突然改变，引起消化不良，情绪不安，增重缓慢或生长受阻，又易使母猪乳房胀痛或患乳房炎。但这一方法简单，使用时应于断乳前 3～5 d 减少母猪的饲料喂量，加强母猪和仔猪的护理。

(2)分批断乳。按仔猪的发育、食量和用途分别先后断乳。

一般是将发育好、食欲强、作肥育用的仔猪先断乳，体格弱、食量小、留作种用的仔猪适当延长哺乳期。这一方法的缺点，拖长了断乳时间，先断乳仔猪所吸吮的乳头成为空乳头，易患乳房炎。

(3)逐渐断乳。在仔猪预定断乳日期前 3～4 d，把母猪赶到离原圈较远的圈里，定时赶回让仔猪哺乳，哺乳次数逐日减少，至预定日期停止哺乳。这一方法可缓解突然断乳的刺激，称此为安全断乳。

(二)断乳仔猪养育技术

仔猪断乳后由于生活条件骤变往往表现不安，食欲不振，增重缓慢，抵抗力下降，甚至体重减轻，发病率增加并易造成死亡。为养好断乳仔猪，要做到“两维持，三过渡”，即维持在原圈饲养，维持原饲料饲喂，做好饲料、饲养制度和环境的过渡。

1.原圈培育

原圈培育系指仔猪断乳后仍留在原圈饲养或同窝仔猪移至另一圈中饲养，养至 70 日龄或适当时间，再进行转圈或分群。原圈培育是提高仔猪成活率和加速生长发育的有效措施之一。

2.饲料过渡

为减少断乳应激对仔猪的影响，仔猪断乳后应保持哺乳期间所用饲料及配比不变，维持 7 d 左右逐步增加断乳仔猪料，减少哺乳期饲料，一般于断乳后 15 d 过渡到全部饲喂断乳仔猪饲料。从外场引进的断乳仔猪，最好购回原场的饲料。

3.饲养制度过渡

稳定的生活制度和适宜的饲料调制是提高仔猪食欲、增加采食量、促进仔猪增重的保证。仔猪断乳后 15 d 内，应按哺乳期的饲喂方法和次数进行饲喂，夜间应坚持饲喂，以免停食过长，使仔猪饥饿不安。每次喂量不宜过多。此后可适当减少饲喂次数。

饲料的适口性是增进仔猪采食量的一个重要因素，仔猪对颗粒料和粗粉料的喜好超过细粉料。仔猪采食饲料后，经常感到口渴，应经常供给清洁的饮水。对仔猪饲养管理是否适宜，可从粪便和体况加以判断，断乳仔猪的粪便软而表面光滑，长度 8～12 cm，直径 2.0～2.5 cm，呈串状。

4. 环境过渡

原圈培育至一定时间转圈分群，为避免并圈分群后的不安和互相咬斗，应在分群前 3～5 d 让仔猪同槽进食或一起运动，使彼此熟悉，然后，根据仔猪的性别、个体大小、吃食快慢等进行分群。饲养密度要适中，密度过大会出现咬尾、咬耳等异常行为，还应注意环境卫生，通气良好，保持适宜的环境温度，重视运动和日光浴。

(三)促进断乳仔猪增重的措施

幼猪有很大的生长潜力，由于饲养管理和疾病等单一的或多种因素的影响，往往不能发挥，使生长受阻或形成被毛散乱，皮肤苍白，曲背弓腰，体小瘦弱，生长落后的僵猪(即落脚猪)。为保证仔猪的正常生长发育，应采用现代饲养科学的新成果，新技术促进仔猪的生长。

超过最低需要量而超量添加的部分则有促进生长的作用；有些物质虽不是机体所需要的营养物质，但有平衡日粮，增进消化酶的活性和抑制细菌等作用，亦能促进和刺激物质代谢和生长发育。近年来，研制的添加剂有营养性添加剂，生长促进剂，驱虫保健剂和抗氧化剂等。

1. 抗生素的作用

饲料中加入少量抗生素，有促进增重，改进饲料利用率的作用。试验表明，用抗生素饲喂仔猪成活率提高 10%～30%，日增重提高 10%～20%，饲料消耗下降 5%～10%。抗生素促进仔猪生长的作用机制，一般是从预防观点上解释，主要是杀菌和抑菌作用，阻止胃肠道有害微生物的繁殖和毒素的形成，可防止疾病发生，又由于降低了肠壁厚度，有利于营养物质的吸收，从而促进仔猪的生长，改进饲料利用率。

一般常用的抗生素有链霉素、金霉素、土霉素、杆菌肽、红霉素、竹桃霉素、潮霉素B(具有驱虫作用)等。青霉素和四环素应用效果虽好，但能使细菌产生抗药性，现已禁用。抗生素的用量可按猪的大小，饲料种类，卫生条件而定。每吨饲料一般添加抗生素结晶量：体重5～15 kg的仔猪，每吨饲料加40 g;25 kg左右的幼猪，每吨饲料加10～20 g;50～90 kg的猪，每吨饲料加10 g，僵猪每吨饲料加50～100 g。畜用抗生素可按出厂说明使用，在哺乳仔猪的补料中，一般占0.50%～0.75%，断奶仔猪和幼猪占0.25%～0.50%，中猪占0.15%～0.25%，僵猪的治疗量占1.25%～0.75%，恢复正常后占0.40%。

仔猪未采食饲料前，可将抗生素溶于水中，用滴管喂给。抗生素的应用，长期以来存在不同看法，认为抗生素在抑制有害微生物的同时，也阻碍了有益微生物的繁殖；并导致某些微生物出现耐药性，增加了医病的困难；抗生素用于肥猪，间接对人体有不良影响，美国于1972年颁布了不准用左旋霉素、半合成霉素、庆大霉素、卡那霉素喂猪的禁令，应用其他抗生素必须在屠宰前15 d停喂。在养猪生产中应用抗生素的效果毋庸置疑。

近年来，研制的抗生素能有效抑制革兰氏阳性菌的活性，与其他抗生素不发生交叉抗药性，阿普拉霉素和硫姆林已获得美国国家食物药品局批准使用。阿普拉霉素有控制大肠杆菌防痢之效，据对300头断乳仔猪的试验，每吨饲料添加100～200 g，日增重提高53.3%，饲料消耗下降14.6%，是断乳仔猪有效的生长促进剂，硫姆体有抗支原体、密螺旋体和其他革兰氏阳性微生物的作用，据5次对体重12～34 kg，520头猪的试验，每吨饲料添加25～40 g，日增重提高9.1%，饲料消耗下降4.1%，有些国家已作为促进仔猪生长和控制痢疾、肺炎的添加剂使用。

2.高量铜的应用

铜是中间代谢系统的必要元素，也是造血和防止营养性贫血的原料。铜离子有毒，体内含量不能过多，必须转化为含铜的酶或其他生理功能物质，如铜螯合物、铜蛋白质、铜氨基酸等。仔猪断乳后，从饲料中得到的铜可基本上满足需要，超量使用（高于最低需要量10倍，甚至几十倍），可获得较高的增重和改进饲料利用率。据美国154次对5 954头猪的试验，10～28日龄的仔猪，增重提高22.1%，饲料消耗下降8.3%，35～84日龄的生长猪，增重提高6.5%，饲料消耗下降2.3%。硫酸铜、氧化铜、氯化铜、碳酸铜等均可作为铜源。

铜的补饲量与日粮组成、铜的补源、猪体内贮量有关。据试验，以补饲125～250 mg/kg效果为优。

高铜的作用机制可能与抗生素的作用近似，与抗生素合用效果更为明显。

据韩梅报道，在28日龄断乳仔猪的日粮中添加高剂量的氧化锌（2 500 mg/kg和4 000 mg/kg），仔猪腹泻明显减少，日增重提高6%。

3.有机酸的应用

近年来，有机酸作为饲料添加剂引起广泛的重视，仔猪饲料酸化已成为养好仔猪的重要措施之一。

(1)仔猪饲喂酸化饲料的效果。

①仔猪饲喂酸化饲料可提高日增重和改进饲料利用率。据美国13次试验，将延胡索酸和柠檬酸添加到早期断乳仔猪的饲料中，日增重分别提高5.3%和5.1%，饲料消耗分别下降4.9%和6.5%；据荷兰试验，在每千克饲料含粗蛋白质18.5%，净能9.52·kJ的条件下，添加1.5%甲酸钙，日增重提高12%，饲料消耗下降4%；据Cromwell的研究，在仔猪饲粮中添加柠檬酸，日增重提高5.2%，饲料消耗下降3.9%，添加延胡索酸，日增重提高

4.1%，饲料消耗下降 3.9%；据邓跃林等的试验，28 日龄断乳仔猪，在日粮中添加 2%的柠檬酸，日增重比对照组提高 16.05%，饲料消耗下降 10.13%；比利时的试验表明，用甲酸钙＋丙酸酸化仔猪饲粮，日增重提高 12.3%，饲料消耗下降 3.9%。

②仔猪饲喂酸化饲料可提高采食量和饲料消化率。饲料酸度提高，刺激仔猪的唾液分泌，又多具有香味，可提高适口性，增加采食量。据 Kirchgessner 的研究，用 2%延胡索酸酸化仔猪的饲粮，氮沉积提高 4%，代谢能提高 1.50%～2.07%。

③仔猪饲喂酸化饲料具有良好的保健作用。曹国文等在仔猪饲粮中添加 0.5%的柠檬酸，由于胃肠道酸度的提高，抑制了有害菌的繁衍，大肠杆菌减少 10.2%，肠球菌减少 6.88%，对仔猪有益的乳酸杆菌增加 5.1%，酵母菌增加 29.5%，仔猪腹泻率降低 22.83%。

④仔猪饲喂酸化饲料可促进矿物质的吸收。在仔猪饲粮中添加矿物质或其他生物活性物质，然后进行酸化，如添加高剂量的铜再添加有机酸，进一步使增重提高 4.5%，饲料消耗下降 5.0%。酸化饲料又可预防应激和具有抗氧化剂的作用。

(2)酸化剂的保健促生长机理。目前，对酸化饲料的作用机理尚未完全揭示，但从倾向上看有以下几点。

有机酸具有芳香气味，可起调味剂的作用，饲料中添加的酸可刺激唾液分泌，并降低胃中的 pH，促进胃蛋白酶的激活，改进饲料的利用效率。采食酸化饲料减慢了胃的排空速度，蛋白质在胃中需较长时间进行消化，对胃肠道正常菌群进行调控，抑制有害菌的繁衍，减少腹泻和消化不良疾患的发生，并有利于酸性条件下有益菌的繁殖。酸化剂可能同时起着螯合剂的作用，有些有机盐本身就是螯合物添加剂，有机酸与饲料中的矿物质发生螯合作用，促进仔猪对矿物质的吸收利用。有机酸是机体内能量转化过程中的重要介质，如延胡索酸、柠檬酸都是三羧酸循环中的中间产物，可被直接吸收或参与代谢过程。

(3)饲喂酸化饲料应注意的问题。仔猪饲喂酸化饲料应根据实际情况而定。酸化饲料受酸化饲料类型、酸化剂浓度的影响，有些饲料如鱼粉、奶制品、高蛋白质饲料等与酸结合力强，谷类饲料结合力弱，虽然由于结合力不同，酸化剂的使用(种类与剂量)应不同。仔猪胃内酸度随日龄增长而增加，酸化饲料的效果随日龄和体重的增加而降低，因此，酸化饲料对4～7周龄的仔猪效果最明显，据报道，对7周龄以后的仔猪饲喂柠檬酸则无明显效果。

任务二　后备猪的饲养管理

70日龄的仔猪至初次配种前是后备猪的培育阶段。其任务是获得体格健壮、发育良好、具有品种的典型特征和高度种用价值的种猪。

此阶段猪的消化器官已接近成熟，消化机能和适应环境的能力逐渐增强，是猪体生长和内部器官发育的生理成熟阶段。对饲养管理的要求虽不像前期那么严格，但为了培育出品质优良的种猪，应根据猪的生长发育规律及育种目标的要求，给以合理的饲养管理。

猪的生长发育是一个很复杂的过程，既有其生长发育规律又易受营养条件影响。现代育种对后备猪既要强调选择，更要突出培育，把选种工作建立在科学培育的基础上。据英国的研究，饲料消耗的下降，49％归于改进饲养，26％归于改进管理，15％归于选种，10％归于疫病控制。

(一)后备猪的生长发育特点

猪在不同阶段，各组织的生长率不同，导致身体各部位生长和体形随年龄变化。

1.体重的增长

体重是对身体各部位及组织生长的综合度量，在正常饲养条件下，猪体重的绝对值随年龄的增长而增长，其相对增长强度则随年龄的增长而降低，到成年稳定在一定水平。猪自出生后即快速生长，4 月龄前相对生长强度最高，8 月龄以前增长速度最快，8 月龄虽然只占成年猪(36 月龄)月龄的 1/4，但体重已达成年体重的 1/2。因此，后备猪生长发育的好坏对成年猪的体重和繁殖成绩均有一定影响。

2.猪体组织的生长

猪体骨、皮、肉、脂的生长强度因月龄和品种类型而异。荣昌猪的骨骼从出生至 4 月龄生长强度最大，其后稳定；皮从出生至 6 月龄生长快后稳定；肉从 4～7 月龄生长快；脂肪始终在生长，6 月龄以后更为强烈；消化器官自出生即强烈生长，4 月龄后减慢。在我国广泛流传“小猪长骨、中猪长皮(意指消化器官即肚皮)、大猪长肉、肥猪长油”的说法是符合规律的。

3.猪体化学成分的变化

猪体化学成分随年龄和体重的增长呈规律性变化，水分、蛋白质、灰分等含量下降，而脂肪迅速增加。随脂肪量的增加，猪油中饱和脂肪酸的含量相应提高，不饱和脂肪酸减少。

4.猪体各部位的生长

猪在生长期间，各组织生长率不同，导致身体各部位生长早晚的顺序不一和体形出现年龄变化，明显形成向心和向上的两个生长波。第一生长波是从颅骨开始分两支，向下伸向颅面和向后移至腰部；第二生长波由四肢下部开始，向上移至躯干和腰部，两个生长波在腰部汇合。因此，仔猪出生时头和四肢相对较大，躯干短而浅，后腿发育差。随年龄和体重的增长，体高、体长首先增加，其次是深度和宽度增加，腰部是身体上最晚熟的部位。

猪体各部位和组织器官生长早晚的顺序大体是神经组织→

骨→肌肉→脂肪。骨骼先长长度，后增粗度；脂肪是按花油、板油、肌间脂肪、皮下脂肪的顺序。猪体各部位和组织生长速度的不平衡性，既揭示了猪体生长的内在规律，同时也为培育符合不同生产方向的高产种猪群提供了途径和依据。

(二)后备猪的选拔

后备猪的选拔，应按照育种计划的要求进行，其间每 2 个月进行一次。把体格健壮、发育良好、外形符合要求、乳头 6 对以上且分布均匀的幼猪留作种用，组成专群饲养管理，将不符合要求的猪转作肥育用。

健康仔猪的表征是：食欲旺盛，动作灵活，贪食好强，举尾争食；皮毛光洁，没有卷毛、散毛、皮垢、眼屎和异臭；没有隐睾、疝气等遗传疾患。

根据体型外貌可预测将来的发育，猪的优良体型应有品种和年龄特征，达到品种的发育标准要求。嘴鼻尖、头狭长，颈细长或过分粗短，胸窄腹小，四肢纤细或肢势不正均为发育不良，过于肥胖，外形短圆亦不符合要求。因此，在此阶段除按体重、健康状况选拔外，更应按体长和体型进行选拔。

(三)后备猪的饲养

对后备母猪的饲养既能使其正常生长发育，又能保持肥瘦度适宜的种用体况。发育良好的后备猪，8 月龄可达成年体重的 50％左右，大型品种 120～140 kg，中型品种 90～110 kg，小型品种 70～90 kg。适宜的营养水平是后备猪生长发育的保证，过高过低均造成不良影响。如营养水平过高，不仅浪费饲料，而且会使母猪过肥，对配种、怀孕有不良影响；营养水平过低，会使母猪生长发育受阻，推迟初情期，繁殖总成绩降低。5 月龄以前，母猪正处于生长发育的旺期，不仅要配制营养全面的日粮，而且数量上应予满足；5 月龄以后的母猪，由于沉积脂肪的能力增强，为避免过肥，应适当降低营养水平或减少饲喂量，增加青粗饲料的比例，使肌肉、骨骼得到充分的生长发育。在日粮的结构上，应在满足骨骼，肌肉生长发育所需营养的前提下，少用含碳水化合物丰富的饲料，适当多用品质优良的青绿多汁饲料。饲喂方法宜采用限量饲喂，后备猪体重 50 kg 以后，消化吸收能力很强，且贪睡，很容易变肥，如不限食，易因过食形成垂腹，或易造成挑拣食物和抛撒饲料的恶习。猪的食欲虽因季节、品种等有所差异，从倾向来看，傍晚最盛，早晨次之，中午最弱，夏季则更为明显。因此，每日按早 35%，午 25%，傍晚 40%的给量饲喂。后备公猪可在同类型母猪的基础上增加 10%～20%。

(四)后备猪的管理

做好卫生消毒工作，及时清除粪便保持圈舍清洁，注意通风，猪舍、地面、用具、食槽等定期消毒，消灭老鼠、蚊虫、苍蝇，禁止犬、猫进入猪舍，定期驱虫和预防接种。

运动对后备猪非常重要，既可得到锻炼，促进骨骼和肌肉的正常发育，保证匀称结实的体型，防止过肥和肢蹄不良，又可增强体质和促进性活动，防止发情失常和寡产。因此，后备猪舍应有运动场，有条件的猪场，夏、秋季节可采取放牧饲养，冬、春季节可进行驱赶运动或舍外运动场的自由运动。为掌握幼猪的生长发育情况，每月应称重一次，6 月龄加测体尺，并统计饲料消耗量。根据生长发育情况，定期调整猪群。认真观察猪的采食、粪便和精神状态，后备猪正常的粪便应较粗且量多，如粪团直径很小，表明不是猪过肥，就是饲料喂量不足。应供给充足而又清洁的饮水。

【测评作业】

1. 简述断乳仔猪养育技术要点。

2. 简述促进断乳仔猪增重的措施。

3. 简述后备猪饲养管理技术要点。

【考核评价】

保育猪生产管理技能考核评价表

<table>
<tr><td>专业班级</td><td></td><td>姓名</td><td></td><td>学号</td><td></td></tr>
<tr><td colspan="6">一、考核内容与标准
说明：总分 100 分，分值越高表明该项能力或表现越佳，综合得分≥90 为优秀，75≤综合得分＜90 为良好，60≤综合得分＜75 为合格，综合得分＜60 为不合格。</td></tr>
<tr><td>考核项目</td><td>考核内容</td><td colspan="3">考核标准</td><td>得分</td></tr>
<tr><td rowspan="4">过程考核</td><td>操作态度
（10 分）</td><td colspan="3">积极主动，服从安排</td><td></td></tr>
<tr><td>合作意识
（10 分）</td><td colspan="3">积极配合员工，善于合作</td><td></td></tr>
<tr><td>断乳仔猪养育
（30 分）</td><td colspan="3">联系生产实际，条理清楚、内容准确完整</td><td></td></tr>
<tr><td>后备猪饲养管理
（30 分）</td><td colspan="3">联系生产实际，条理清楚、内容准确完整</td><td></td></tr>
<tr><td rowspan="2">结果考核</td><td>结果综合判断
（10 分）</td><td colspan="3">条理清楚、内容准确完整</td><td></td></tr>
<tr><td>实习记录与总结
（10 分）</td><td colspan="3">实习记录完整，字迹工整，总结报告结构完整，体会深刻，上交及时</td><td></td></tr>
<tr><td colspan="5">合计</td><td></td></tr>
<tr><td colspan="6">综合分数：________分　优秀（　）　良好（　）　合格（　）　不合格（　）</td></tr>
<tr><td colspan="6">二、综合评价
（该学生是否掌握了该岗位的专业知识、专业技能及掌握程度，能否通过该岗位技能考核）

考核人签字：
年　月　日</td></tr>
</table>

说明：此表由校内教师或者企业指导教师填写。

项目五

生长育肥猪生产与管理岗位技能

工作目标

1. 育成阶段成活率≥99%。

2. 饲料转化率(15～90 kg 阶段) (2.8～3.0)：1。

3. 日增重(15～90 kg 阶段)750 g 以上。

4. 生长育肥阶段(15～95 kg)饲养日龄≤119 d(全期饲养日龄≤168 d)。

工作任务

任务一　生长育肥猪的饲养管理

一、进猪前的准备

规模化猪场一般按节律生产和转群,年出栏万头左右的猪场生产节律一般为 7 d。在育肥猪生产管理中，首要的操作是做好圈舍的准备，接纳转入保育结束的猪群。在一个生产节律(7 d)内要做好空圈消毒的工作。

(1)育肥猪出售以后，首先对空圈内的粪尿、污水、残料、垃圾、墙壁、顶棚、水管等处的尘埃进行彻底的清扫，冲净，整理、修缮舍内饲槽、饮水器。

(2)清扫整理后用 3%～4%的火碱溶液将空圈地面、墙壁、料槽、下水沟等均匀地喷洒一遍。隔天用高压水枪将空圈地面、墙壁、料槽、下水沟等处的火碱溶液冲洗干净，打开门窗，排出残留的消毒液气味，地面晾干。

(3)用火焰喷枪烧灼栏杆、料槽及垫板，注意避免烧毁设备；用甲醛＋高锰酸钾或过氧乙酸熏蒸 12 h 后开窗通风。

(4)待舍内消毒液气体排尽，视外界气温情况启闭门窗，提前将温度升至 15～20℃。

(5)进猪前赶猪道或猪群周转道路要清扫、消毒，保育舍和育肥舍员工做好清扫消毒的道路衔接，不串岗。

(6)在驱赶猪群时应以诱导、哄赶为主，不能粗暴对待猪群。

二、商品猪生产的适宜育肥方式

工厂化养猪生产中，商品猪采用的饲养方式为一贯育肥法。一贯育肥法又叫直线育肥法或快速育肥法。这种育肥方法从仔猪断奶到育肥结束，都给予完善营养、精心管理。在整个育肥过程中，没有明显的阶段性，全期充分利用全价配合饲料，让猪自由采食，不加以限制。在配料上，以猪在不同生理阶段的不同营养需要为基础，能量水平逐渐提高，而蛋白质水平逐渐降低。

此法优点是：猪增重快，育肥时间短，饲料转化率高，胴体瘦肉多，经济效益好。

三、创造良好的环境条件

1. 温度和湿度

育肥猪舍适宜温度为15～25℃，适宜湿度为60%～80%，过冷则体热易散失，过热则导致食欲下降，生长缓慢。因此，冬天要保暖，夏天要降温。

2. 密度和通风

育肥圈养密度过大，舍内通风不良，会因小气候环境恶劣，使猪的呼吸道疾病增多，采食量下降，饲料转化率和日增重下降。实践证明，一般每头肥育猪以占圈0.8～1 m^2，每圈养18～25头为宜。

育肥舍猪只体重大，需氧量高，因此通风换气尤为重要，并在呼吸道疾病的控制上起着重要作用。舍内通风换气量与猪群大小有关，一般最低通风要求为每千克体重0.375 $m^3/(h \cdot kg)$。通风不良则空气中有毒有害气体含量增加，严重影响猪的生长。

3. 猪群调教

育肥猪舍的环境应清洁，干燥。注意对猪进行必要的调教，让猪养成三点定位的习惯，即吃食，睡觉，排便三位相对固定地点，以保持猪圈干燥清洁，生活有序。

4. 清洁卫生

(1)猪舍门口放置消毒盆和清水盆，消毒盆内要始终保持有效的火碱浓度，清水盆每日更换盆内清水，进、出猪舍都必须先用清水清洗胶鞋，再从消毒池中踏过。

(2)地面不能有积粪，下水沟不能有污水，圈舍内任何地方不能有污染物、杂物。

(3)冬季一般不带猪清洗猪舍,夏季高温季节一般清洗2～3次/周。

(4)冬季每周一次、夏季每3 d进行1次带猪消毒,防疫时停止消毒。

(5)饲养员严禁串舍、串岗。

四、合理饲喂

1.合理分群

群饲可以提高采食量,加快生长速度,有效地提高猪舍设备利用以及劳动生产率,降低养猪生产成本。一般要根据猪的强弱、大小、公母进行分群,同一群猪,小猪阶段体重差异不宜超过4～5 kg,中猪阶段不宜超过7～10 kg,还应保持定群后猪群的相对稳定。如果在育肥栏,必须要重新合栏时,则应留弱不留强,拆多不拆少,夜并昼不并。

2.确定合理的饲喂量

据市场对屠宰猪的要求,可采取自由采食或限制饲喂(表5-1)。若市场对背膘厚有要求,则可在60 kg至屠宰期间进行限饲,限饲程度有赖于目标背膘厚及当前背膘厚。若市场对背膘的要求都不高,则可采用自由采食来节约劳动力成本,规模化猪场目前多采用干湿自动饲喂料槽实现自由采食。

如果人工饲喂,可以按上次刚好吃完的饲料量作为下次的饲喂量进行饲喂,一般10 d或半个月调整一次饲喂量,因此,要细心观察,确定每次的饲喂量。一般每日喂料次数为:小猪阶段4～5次,中猪阶段3～4次,大猪阶段2次。饲料在猪舍中存放一般不能超过7 d,以防高温、高湿使饲料变质变味。

表 5-1　生长肥育猪给料量

体重/kg	给料量/(头/d)	体重/kg	给料量/(头/d)
20～22	0.7～0.9	65	2.4
26	1.0	70	2.5
30	1.3	75	2.6
34	1.5	80	2.6
38	1.7	85	2.6
43	1.9	89	2.7
48	2.1	95	2.8
53	2.2	100	2.8
59	2.3	105	2.8

五、驱虫

整个育肥期最好驱虫两次，一般在肥育前进行第一次驱虫；当体重达 50 kg 左右时，再驱虫一次。可用左旋咪唑或伊维菌素进行体内驱虫。

六、适时出栏

研究表明，育肥猪在 95～110 kg 体重出栏最合适。这一体重出栏的育肥猪，其仔猪成本、饲料转化率、增重速度、屠宰率、瘦肉率、肉质以及市场需求等综合经济效益指标最佳。

七、观察和记录

(1)观察行为姿态。观察猪群(猪只)是否有异常行为，如是否有跛行、站立不稳、转圈运动，是否有脱肛及外伤，肢蹄是否健康等。

(2)观察猪的精神状态。可以通过轻拍手掌或轻赶猪群，查看猪只对外界信号的反应状态，是否呆头耷耳，驱赶站立后是否马上卧倒，遇到刺激后是否警觉。

(3)观察呼吸次数。与大多数猪只相比它的呼吸次数是否明显增加或减少，有无明显的咳嗽或气喘现象。

(4)观察被毛。被毛是否顺滑，是否有光泽。

(5)观察排粪排尿。粪便是否干结、是否成型、是否腹泻，粪便中有无未消化的玉米颗粒，粪便量是否正常；粪便颜色是否异常。排出的尿液，正常的尿液颜色为透明的淡黄色。

(6)观察采食量及长势。今天的采食量比昨天是否有明显变化，膘情是否正常。

(7)观察眼睛。是否清亮有神，眼角处有泪斑，眼睛有无红肿。

(8)商品猪场每周应记录以下内容。猪群转入日期、转入育肥舍的猪只头数、转入时体重、转出育肥舍的猪只头数、出售体重、转出或死亡日期、死亡或处理体重、治疗头数及治疗方法、饲料消耗等。

八、注意事项

(1)掌握工厂化养猪生产中，商品猪一般采用的饲养方式，即一贯育肥法饲养方式。

(2)掌握商品猪的饲养管理技术，能将商品猪适时出栏等饲养管理技术运用于实际生产中。

任务二　提高生长育肥猪生产力的主要技术措施

商品猪年出栏率和生产单位体重猪肉所需要的成本是衡量养猪生产育肥猪生产力的主要指标，因此，提高猪群成活率及降低生产成本的措施均可提高育肥猪生产力。

一、适时出栏

提高生长育肥猪生产力首先要依据猪的生长发育特点和生

物学特性进行科学的饲养管理。

1. 猪的生长发育及体化学成分变化规律

一般情况下，目前规模猪场所饲养的良种猪在20～30 kg为骨骼生长高峰期，60～70 kg为肌肉生长高峰期，90～110 kg为脂肪蓄积旺盛期。并且，随着饲养期的延长和体重的增长，猪体蛋白质相对含量下降，而体脂肪含量升高(表5-2)。在沉积单位重量的脂肪与蛋白质时，沉积脂肪要消耗更多的营养，因此适宜的出栏体重影响肥育猪生产力。

表5-2 猪体化学成分变化

体重/kg	灰分/%	蛋白质/%	脂肪/%	水分/%
15	3.7	16.0	9.5	70.4
20	3.6	16.4	10.1	69.6
40	3.5	16.5	14.1	65.7
60	3.3	16.2	18.5	61.8
80	3.1	15.6	23.2	58.0
100	2.9	14.9	27.9	54.2
120	2.7	14.1	32.7	50.4

2. 适时出栏

瘦肉型商品肥猪适宜屠宰体重的确定，要从提高胴体品质和养猪经济效益出发，结合生长育肥猪生长发育规律和体成分变化，兼顾瘦肉率、屠宰率、增重速度和饲料效率四项指标。

一般而言，瘦肉型生长育肥猪的月龄、体重越小，饲料报酬越高，瘦肉率越高，但肉的含水量高。猪体含水率在体重20 kg时约80%，70 kg时约78%，120 kg时约76%；过早上市屠宰肌间脂肪少，肉的品质差；过早上市又使商品肥猪单位活重所摊仔猪成本比重加大，且屠宰率低，经济效益差。

瘦肉型商品猪的适宜屠宰期，应为肌肉生长高峰之后，脂肪生长高峰刚刚开始时，一般为6月龄。此时肌肉沉积一部分肌间脂肪，正值肌肉、脂肪增长的转折点，饲料转化效率即将下降，这时的体重为最适宜的屠宰体重。

适宜屠宰体重的大小，可因品种或杂种的体型大小，成熟早晚，饲养水平不同而有所区别。一般地方品种的土猪、土杂猪等早熟品种应在体重达 70～80 kg 时屠宰；三元杂交良种猪应在 90～110 kg 时屠宰较为适宜。高水平饲养条件下屠宰体重稍稍提前；低水平饲养条件下屠宰体重可适当增大。

二、日粮的配制与饲料调制

日粮的营养水平、饲料原料的选择及饲料的形态影响育肥猪生产力。

（一）合理的日粮配合

饲料费用占养猪成本 70%左右。因此，饲粮配合是否合理是影响肉猪的增重速度、饲料利用率及经济效益的关键。根据育肥猪生长发育规律，总体而言，在 60～70 kg 活重以前应给予高营养水平的饲粮，并注意饲粮中矿物质和必需氨基酸的供给，以促进骨骼和肌肉的快速发育；60～70 kg 以后则要适当限饲，特别是控制能量饲料在日粮中的比例，以抑制体内脂肪沉积，提高胴体瘦肉率。

1.能量水平

能量是生长肥育猪的第一营养要素。在不限量饲喂的条件下，考虑到生长肥育猪的日增重、饲料转化率和胴体瘦肉率，生长肥育猪饲粮消化能水平设置在 11.91～12.54 MJ/kg 为宜。如需提高瘦肉率，可降低能量浓度，但消化能应不低于 10.87 MJ/kg。否则，虽可得到较瘦的胴体，但增重速度、饲料利用率降低，增加生产成本。

2.蛋白质和必需氨基酸水平

蛋白质对维持机体生命活动和正常生长发育有重要作用。蛋白质和必需氨基酸的不足，使生长受阻，日增重降低，饲料转化率下降。20～90 kg 阶段的肥育猪，日粮粗蛋白质在 11%～18%

范围内，日增重速度随蛋白质水平的提高而加快，超过18%，对日增重无明显效果，但可以提高瘦肉率。

蛋白质水平过高时，有些蛋白质转化为能量，饲料转化率降低。一般瘦肉型肥育猪日粮粗蛋白水平水平应控制在体重20～55 kg阶段16%～18%；体重55～90 kg阶段14%～15%为宜。除考虑粗蛋白质水平外，还必须重视必需氨基酸尤其是赖氨酸的供给水平。对瘦肉型肉猪，为取得较高的增重速度和胴体瘦肉率，赖氨酸水平以占饲粮风干物的0.9%～1.0%，或占粗蛋白质的6.2%左右为宜。

3. 矿物质和维生素水平

生长育肥猪日粮除需要考虑微量元素供给外，在配合饲粮时主要考虑钙、磷和食盐的给予；按饲养标准添加多种维生素也可。

4. 粗纤维水平

日粮粗纤维水平超过一定限度将降低生长肥育猪的日增重和饲料效率。肥育前期粗纤维不超过4%，后期不超过8%为宜。

(二)日粮脂肪酸特性影响胴体品质

在日粮配合时在兼顾成本与饲喂效果的情况下，尽量选择多种饲料原料搭配，满足生长肥育猪的营养需要。同时也要考虑饲料原料对育肥猪胴体品质的影响。

软脂肪由于含不饱和脂肪酸多，不耐贮存，保鲜期短，有时宰后即发生脂肪氧化。软脂肪自身氧化时，形成羰基化合物，有苦味和腐败味，烹调时有异味。当背膘中的不饱和脂肪酸高于12%～13%时，自身氧化过程即会发生，此时，如果日粮中有足量的维生素E (50 mg/kg)存在，可防止不饱和脂肪酸氧化。因此，肥育猪脂肪的品质除与饲料种类有关外，也与饲料中的高铜和生物素含量有关，同时也受猪的品种、年龄及营养水平的影响。

生物素可降低胴体中不饱和脂肪酸含量，肥育猪出栏前4周，日粮中加200 mg/kg生物素，可防软脂，同时生物素还能提高猪的生产性能；高铜日粮可提高脱饱和酶的活性，从而造成猪体内不饱和脂肪酸含量增加，使肥育猪形成软脂；猪体脂肪随日龄和体重的增加，饱和程度提高；瘦肉率高的猪种，其胴体脂肪硬度低。

不同饲料原料因所含脂肪酸种类或色素，影响育肥猪胴体品质，例如，玉米含有较多不饱和脂肪酸及色素，过多饲喂玉米会导致育肥猪脂肪变软、色泽发黄。对胴体脂肪品质的影响见表 5-3。

表 5-3　不同饲料对胴体脂肪品质的影响

脂肪品质	饲料种类
沉积白色硬脂肪的饲料	薯类、麦类、淀粉、淀粉渣、麸皮、脱脂乳、棉籽饼、甜菜、以米饭为主的剩饭等
沉积微黄色软脂肪的饲料	酱油渣、米糠、豆饼、花生饼、菜籽饼、豆腐渣、玉米、大豆等
沉积中性脂肪的饲料	脱脂米糠(大豆、豆饼、玉米)等
沉积黄褐色软脂肪的饲料	鱼屑类、淘汰公雏、鱼油、动物油渣、花生等

(三)饲料调制及形态

1. 饲料的加工

按饲料加工工艺划分有颗粒料、干粉料，二者在饲料适口性、消化性及采食量存在差异，因此饲喂效果不同。饲喂效果以颗粒料最好。颗粒料易于被猪采食干净而减少饲料消耗，还可减少粉末飞扬和风吹损失，减少贮藏空间，减少运输时因比重不同造成饲料原料分层，保证猪等采食均衡的养分，因此，颗粒饲料有助于提到饲料利用率和育肥效果。多次试验表明，与干粉料相比，给肉猪饲喂颗粒料日增重和饲料利用率均提高 8%～10%。但由于生产工艺和成本所限，导致颗粒料成本较高，同时很难制成高脂肪含量的颗粒饲料。

2. 饲料粉碎粒度

育肥猪饲料中的大宗原料如玉米、豆粕等喂前粉碎十分必要，粉碎后的饲料原料可减少猪咀嚼时消耗的能量，增加与消化液的接触面积，有利于消化吸收。猪饲料的粉碎细度可分微粒直径在 1 mm 以下的细粉、微粒直径在 1～1.8 mm 中粉和微粒直径在 1.8～2.6 mm 粗粉三种。

实践证明，玉米等谷实粉碎的细度以中等细度为好，肉猪采食量大，增重快，饲料利用率高。当饲粮糠麸比例较大时，中等细度的颗粒并不影响适口性，也不致于造成溃疡病。小麦喂猪时，用压片机压成片状喂给比粉碎的效果好。

3. 饲料的掺水量

风干饲粮按不同的比例掺水，可调制成半干粉料（料∶水＝1∶0.5）、湿拌料（料∶水＝1∶1）、稀粥料（料∶水＝1∶2）和稀汤料（料∶水＝1∶8）等。掺水后提高了饲料的适口性，猪采食量增加，但饲料效率可能降低。稀汤料因含水量较多会减少各种消化液的分泌，冲淡消化液，降低各种消化酶的活性，影响饲料的消化，从而降低增重速度和饲料利用率，影响肥育效果。饲粮含水过多也影响饲料氮的利用率和体蛋白的沉积量。试验表明，饲粮按 1∶1 掺水，肉猪每天沉积体蛋白质 135.6 g；而按 1∶3 掺水则体蛋白质每天沉积量降为 121.3 g。

三、公猪去势

研究表明，公猪去势并不能显著提高瘦肉率、日增重和饲料转化率（Judge 等，1990；郭建凤等，2011），甚至，公猪去势以后饲料转化率较正常公猪低 5%～12%（何晓芳，2011）。但是，由于公猪生长过程中背部脂肪沉积雄烯酮、3-甲基吲哚及吲哚而带有膻味。公猪体脂肪中这三种物质的含量与屠宰时的年龄和体重有关，如果在体重较低时上市从而降低公猪肉膻味，势必影响养猪经济效益。考虑去势对猪的应激，去势后猪只增重以及去势效果，现在规模化猪场多于 10～15 日龄去势。

四、品种和经济杂交方式

1. 品种对肥育效果的影响

不同品种猪的消化机能及耐粗性差异很大，这必然影响其增重速度、增重效率和增重内容。因而也就导致了肥育性能和经济效益的差别。目前我国饲养的地方猪种(土猪)多属脂肪型品种,肥育过程中沉积脂肪的能力强,胴体背膘厚,胴体脂肪比例大;相应的肥育期生长速度慢,饲料报酬差,胴体瘦肉率低。但我国地方猪种肉品质好,肌肉脂肪含量高,肌纤维细,肉质细嫩多汁。

规模化猪场所饲养的引进品种及配套系是瘦肉型猪种,肥育期生长快,饲料转化率高,胴体瘦肉率高。目前,我国规模化猪场所饲养的猪种基本都是瘦肉型猪种。在肉猪生产中,应根据市场需要和当地的饲养条件,选择适当的品种。

2. 经济杂交

通过不同品种或品系之间的杂交,利用杂种优势提高肥育猪生产性能,是增加养猪效益的有力手段之一。杂交组合优良的杂种商品猪,增重快,肥育期短,能节省饲料,降低成本。

在我国商品肉猪生产中,大多利用二元、三元杂或配套系杂交猪进行肥育。二元杂交猪主要是以我国地方品种猪或培育品种猪为母本与引进的国外瘦肉型品种猪为父本杂交而产生。部分较小猪场或散养户饲养的优良杂猪多属这种杂交方式。

三元杂交猪既有以我国地方品种猪或培育品种猪为母本,与引进的国外瘦肉型公猪杂交产生杂交一代,从杂交一代中选出优秀母猪再与引进的国外瘦肉型品种猪做终端父本进行杂交而产生的商品代,这种杂交生产方式成为“内三元”。大部分的中大型猪场完全采用引入瘦肉型猪品种开展的三元杂交体系即所谓的“外三元”,如“杜长大和杜大长”三元杂交模式。

此外,为了发挥种猪的最大遗传潜能,实现养猪生产最大经济效益,从20世纪开始配套系杂交在养猪生产中开始应用。目前市场上的配套系有斯格配套系、PIC配套系、伊彼得配套系和托佩克配套系商品猪生产。

五、哺乳仔猪及保育猪管理

养猪生产是系统工程，育肥是商品猪生产的最后环节，哺乳、保育乃至妊娠母猪饲养阶段饲养管理影响商品猪育肥效果。

1.仔猪的初生重和断奶重

体重是仔猪生长发育好坏的一个重要标志，也是衡量饲养管理水平高低的主要指标。体重大的仔猪一般抗应激能力强、抗病力强，肥育时增重快，饲料转化率高，发病率和死亡率都低。因此，初生重、断奶重和保育结束时体重差异影响育肥效果。

2.仔猪的健康状况

猪群的健康状况影响育肥猪生产性能，特别是慢性病，如猪的喘气病、萎缩性鼻炎等，在生产中这些慢性疾病临床症状不明显，死亡率不高，往往容易被忽视，但却严重地影响生长速度，使饲养期拖长，饲料消耗量增加。而这些慢性疾病往往在仔猪阶段已经感染，因此选购仔猪时，应尽量选用未感染慢性病的仔猪，不得选用疫区及病情较重场家的仔猪。自繁自养的猪场应强化仔猪的保健和种猪的净化工作。

(1)健康猪的表征及行为。

外观：健康的猪只，被毛整洁、光亮，皮肤柔软并有弹性，表皮没有污垢。眼睛灵活明亮，眼结膜粉红色，眼睑不粘有分泌物，无泪斑。鼻端湿润，肛门周围无污物。

排泄：健康的猪，尿液清亮，粪便正常，排泄不费力。粪便应能成形，硬而不干，掉在地上能稍散开，粪便中不混杂大量未消化的饲料。粪便颜色因饲料原料不同而呈棕黄、棕绿、深棕色或偏黑色。

行为：健康的猪只，神态自然，反应灵敏，对轻微的声响即竖耳倾听。运动时，尾巴卷起，行走正常；休息时，一侧平躺静卧。

在饲喂时，具有趋槽、摇尾、抢食的特性。

(2)患病猪的表征及行为。患病猪只可能在外观、行为等方面有下述某些特征及行为。

外观：患有慢性疾病的猪只常表现为被毛粗乱，皮肤颜色异常，尤其是口、鼻、耳、腹下、股内侧、外阴和肛门部皮肤。因微循环障碍，猪皮肤的颜色可变为蓝色；因发热、充血或感染皮肤会呈现红色；因贫血皮肤会呈现白色；因寄生虫侵袭或营养失调会出现皮肤脱毛、变厚、结痂等。不健康的猪只可能会眼神呆滞，眼睑粘有分泌物，眼结膜充血潮红、蓝色、白色或黄染。鼻端干燥、发热、变形，过多的鼻涕或脓性白色分泌物。

行为：猪只精神委顿，常呆立一旁，低头垂尾，喜卧，常挤卧于墙的一角或钻入垫草中，行走缓慢、摇摆不稳、弓背、寒战、四肢无力。有心脏疾患、极度疲乏或过热时猪只常平卧；犬坐姿势表示呼吸困难。

排泄：粪尿异常，排泄费力。粪尿中带有血、黏液、脓汁。粪便稀软，含有大量未消化饲料，恶臭或黑硬干燥，如算盘珠样。

六、创造适宜环境条件，保证充足饮水

猪舍通风良好，空气新鲜，温度适宜，清洁干燥是保证猪群健康，提高育肥猪生产力的重要条件。

(一)适宜的温度、湿度、通风

生长育肥在适宜的环境温度范围内才能使猪维持正常生长代谢，在自由采食条件下，生长肥育猪最适生长环境温度为 18～20℃，低于这个范围，饲料效率下降，但由于采食量的增加，育肥猪的生长速度不会降低。如温度高于 20℃，猪自由采食量减少，增重速度降低，温度在 20～32℃时，每升高 1℃，日采食量下降 12 g。在 37℃时，猪不但不长，还失重。可见防寒防暑十分重要。

在适宜的温度下，肉猪表现舒适自如，食欲旺盛，增重速度快，饲料利用率高。

舍内湿度在65％～75％较为合适。在21℃及以下温度时，气流不高于0.25 m/s。

(二)舍内有害气体和尘埃

猪舍内主要的有害气体中以氨、硫化氢、一氧化碳、二氧化碳对猪的不良影响最为严重。据测定，粪尿在25℃、含水80％时，由于微生物的分解作用，可以产生大量以氨为主的臭气，损害猪的呼吸道，降低猪群对疾病的抵抗力。调整日粮，补充必需氨基酸，降低蛋白水平可降低粪中含氮量；在饲料中添加去臭添加剂，如丝兰属植物的提取物，可降低猪舍中游离氨浓度；提高舍内通风可降低舍内有害气体含量。

用粉状料喂猪时适度用水拌料可降低舍内尘埃。

(三)合理的光照

猪对光照不敏感，但是不科学的光照可影响猪的活动，一定的光照对瘦肉型生长肥育猪是有利的，光照可促进激素分泌和蛋白质沉积，一般认为，偏暗的光照有利于育肥猪的生长。

(四)控制圈养密度和猪群大小

圈养密度影响舍温、湿度、通风、有毒有害物质在空气中含量，也影响猪的采食、饮水、排便、活动和休息，半漏缝地板的规模化猪场每头育肥猪占地面积约为1 m^2。同一圈内猪群的大小，直接影响猪的争斗行为及生活空间(表5-4)。猪群太大，如超过40头时，不易建立固定的位次关系。因此，群体太大或密度高时，对肥育猪的健康和生产性能都是不利的，增重速度和饲料效率随群体增大或密度升高而下降。但目前我国部分配制全自动饲喂及饮水系统的猪场，单圈饲养育肥猪的数量有增加的趋势。

表 5-4　猪群大小对日增重与饲料利用率的影响

每群头数	平均日增重/g	每千克增重耗料/kg
10	616	3.365
20	605	3.502
40	588	3.674

(五)充足而清洁的饮水

水是机体重要的组成成分,对调节体温,养分消化吸收运转,废物排泄等新陈代谢过程都有重要作用,供水不足或水质不良,影响肥育性能。猪每采食 1 kg 风干饲料,需水 5～8 kg。猪需水量,因采食量、食入食盐及气温变化而变化,夏季需水量大。猪舍最好用自动饮水器自由饮水,用水槽供水时要勤添,勤换水,勤刷洗食槽,保持猪只昼夜有清洁的饮水。

八、做好驱虫与防疫

驱除体内外寄生虫是提高肉猪饲养效果的一项重要措施。猪体内寄生虫,以蛔虫感染最为普遍。主要危害 3～6 月龄的猪。患猪生长缓慢,消瘦,被毛蓬乱无光泽。严重者增重速度可降低 30%左右,有的甚至成为僵猪。一般于 90 日龄时用伊维菌素、左旋咪唑、芬苯哒唑等药物按说明或医嘱谨慎进行。驱虫后,应及时清除粪便,并堆集腐熟,以杀死虫卵。

体外寄生虫,以猪疥癣为最常见,对猪危害较大。肉猪如有疥癣发生,应及时治疗。可用 2%敌百虫水溶液,对猪体及所接触的猪栏各处,进行喷雾。如一次不愈,可隔周再喷一次。

九、提高猪群健康水平，做好猪群健康监测

在规模化猪场，采取各种主动措施，加强疾病防治，提高猪群健康水平，已成为提高商品猪生产效益不可缺少的重要手段。我国养猪生产目前正处于由小规模生产向于集约化、规模化发展的关键时期，疫病的预防、猪群的净化和猪群健康监测尤为重要。

为提高猪群健康水平，增进肥育效益，应采取如下措施。

(1)育肥猪应来自健康猪群。

(2)特别是肥育前期，饲料中可添加国家相关法规允许的抗生素，以提高健康水平，控制和防止某些疾病。

(3)应用来自无特定病原体猪群的健康仔猪进行肥育生产。

当前无特定病原体猪群是指没有猪喘气病、胸膜肺炎、萎缩性鼻炎、红痢、伪狂犬病 5 种传染病病原体，同时没有虱、疥螨和弓形体。

在整个养猪生产过程中，做好猪群健康的监测工作，及时发现亚临床症状，早期控制疫情；定期的免疫监测不仅可以了解猪群健康状态，也是评估免疫效果的重要手段，为育肥猪生产的免疫和保健提供依据。

【测评作业】

1.提交一份完整的育肥猪饲养管理岗一周工作日志，要求详细记录一周内每日的工作流程及事件，并通过分析猪群采食量、粪便形态、呼吸及行为从饲养管理角度评价猪群健康状态。

2.结合实训及课堂讲授内容，从品种、营养与饲料、生产环境、猪群管理及保健防疫角度分析如何提高育肥猪生产效率。

【考核评价】

生长育肥猪生产管理技能考核评价表

<table>
<tr><td>专业班级</td><td></td><td>姓名</td><td></td><td>学号</td><td></td></tr>
<tr><td colspan="6">一、考核内容与标准
说明:总分100分,分值越高表明该项能力或表现越佳,综合得分≥90为优秀,75≤综合得分<90为良好,60≤综合得分<75为合格,综合得分<60为不合格。</td></tr>
<tr><td>考核项目</td><td>考核内容</td><td colspan="3">考核标准</td><td>得分</td></tr>
<tr><td rowspan="4">过程考核</td><td>操作态度(10分)</td><td colspan="3">积极主动,服从安排</td><td></td></tr>
<tr><td>合作意识(10分)</td><td colspan="3">积极配合员工,善于合作</td><td></td></tr>
<tr><td>育肥猪饲养管理(30分)</td><td colspan="3">联系生产实际,条理清楚、内容准确完整</td><td></td></tr>
<tr><td>提高育肥效果的措施(30分)</td><td colspan="3">联系生产实际,条理清楚、内容准确完整</td><td></td></tr>
<tr><td rowspan="2">结果考核</td><td>结果综合判断(10分)</td><td colspan="3">条理清楚、内容准确完整</td><td></td></tr>
<tr><td>实习记录与总结(10分)</td><td colspan="3">实习记录完整,字迹工整,总结报告结构完整,体会深刻,上交及时</td><td></td></tr>
<tr><td colspan="5">合计</td><td></td></tr>
<tr><td colspan="6">综合分数:______分　优秀(　)　良好(　)　合格(　)　不合格(　)</td></tr>
<tr><td colspan="6">二、综合评价
(该学生是否掌握了该岗位的专业知识、专业技能及掌握程度,能否通过该岗位技能考核)

考核人签字:
年　月　日</td></tr>
</table>

说明:此表由校内教师或者企业指导教师填写。

项目六

猪生产保健与防疫岗位技能

工作目标

1. 做好预防性消毒工作。
2. 制订科学合理的免疫程序。
3. 做好猪体驱虫工作。
4. 做好猪群保健工作。
5. 掌握猪场常见病诊断与防治。

工作任务

任务一 猪场消毒

一、日常消毒

日常消毒主要是预防性消毒，包括环境消毒、人员消毒、用具消毒、带猪消毒、进场物品消毒等。

(一)进猪场生活区的消毒

从外界进入猪场的人员、车辆以及部分物品应经过消毒才能进入厂区。

1.进出车辆的消毒

猪场大门口应建车辆消毒池,消毒池内的消毒液一般3%～4%火碱。车辆消毒池长度一般为最大车辆长度的1.3～1.5倍,消毒池深度应淹没半周车轮,为30～50 cm。规模化猪场消毒池应建顶棚,并且可实施喷淋消毒(图6-1)。消毒池要定期更换消毒药,冬季气温低时可加入一定数量的食盐以防止冻结。

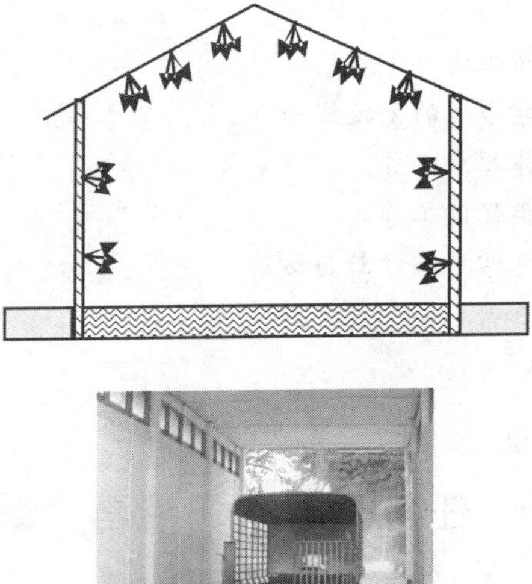

图6-1 猪场大门口消毒池

车辆的挡泥板和底盘必须充分喷透。必要时，车厢内部应专人消毒。

推荐消毒剂：碘伏(酚类消毒剂)，每天适量添加，每周更换一次。两种消毒剂1～2个月互换一次。

2.进出人员的消毒

一切需进入猪场的人员，包括来宾、业务人员、猪场工作人员等，必须走专用消毒通道，并按规定消毒。

(1)体表消毒。在大门人员出入口通道应设置汽化喷雾消毒装置，在人员进入通道前先进行汽化喷雾(图6-2)，使通道内充满消毒剂气雾，人员进入后全身黏附一层薄薄的消毒剂气溶胶，能有效地阻断外来人员携带的各种病原微生物。

推荐消毒剂：卤素类消毒剂，选择两种，1～2个月互换一次。

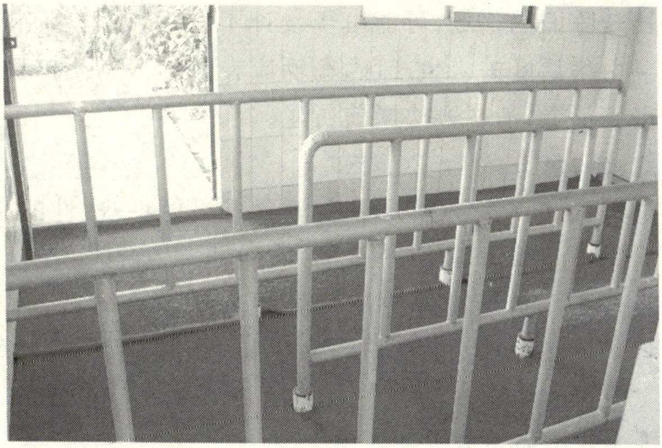

图6-2　人员进出生活区消毒通道

(2)鞋底消毒。人员通道地面应做成浅池形，池中垫入有弹性的室外型塑料地毯，并加入消毒剂。

推荐消毒剂：碘伏或酚类消毒剂，每天适量添加，每周更换一次。两种消毒剂1～2个月互换一次。

(3)手的消毒。用消毒药洗手或涂擦手部即可。推荐消毒剂碘伏,做适当稀释,涂擦手部,无需用水冲洗。

3. 办公及生活区环境消毒

正常情况下,办公室、宿舍、厨房、冰箱等必须每周消毒一次,卫生间、食堂餐厅等必须每周消毒两次。疫情暴发期间每天必须1～2次。

(二)进入生产区及生产区的日常消毒

生产区是猪场的核心区域,生物安全级别要求高,因此对于规模化猪场,该区域是消毒的重点,包括进出场区的消毒和生产区的日常消毒。

1. 进出生产区车辆的消毒

从严格意义上讲,猪场应禁止一切车辆进出生产区。不过对于一些比较陈旧的猪场,可能由于设计不合理,转群、运料可能要专门车辆由生活区进入生产区,车辆应在生活区与生产区的交界处进行彻底消毒,消毒方法同前所述。

2. 人员的消毒

人员进入生产区必须要更衣消毒,或更换一次性的工作服,换胶靴后通过脚踏消毒池(消毒桶)才能进入生产区。

规模较大的猪场推荐进出沐浴更衣的消毒方式,沐浴后应更换消毒好的工作服,随身物品如手机、钥匙应紫外线消毒(图6-3)。

3. 进入猪舍的消毒

沐浴更衣后,工作人员穿上经过消毒的胶鞋,在猪舍门口经过消毒盆(桶)消毒后才能进入猪舍开展日常工作,每次进出猪舍都要经过消毒盆的消毒(图 6-4)。

4. 生产区内环境消毒

生产区道路、空地、运动场、排污沟场内环境消毒,应做好厂区环境卫生工作,经常使用高压水清洗,每周用消毒液如火碱溶液，对场区环境进行 1～2 次消毒。赶猪通道、装猪台、粪污管道口、种猪展示厅等，每次使用前后都必须消毒，以防止交叉感染。

图 6-3　进入生产区的淋浴间(左)和随身物品消毒柜(右)

5. 生产消毒

包括妊娠母猪上产床、母猪产前、仔猪断脐、断尾、剪齿、去势的消毒。母猪仔猪的体表一般用 0.5%～1%的高锰酸钾溶液消毒，创口用 5%碘酒消毒。

图 6-4　进入猪舍前的消毒

正常生产过程中应每周 1～2 次带猪消毒，消毒时全场统一进行，在规定的时间内进行消毒，并定期更换消毒药种类；用量以每平方米 200～300 mL 为宜。带猪消毒一般要求液滴在 60～80 μm，保持悬浮时间达到 3～5 min。一般使用季铵盐类消毒剂。

6. 疫苗瓶的消毒

每次使用过的疫苗瓶，要用专用消毒工具蒸煮 30 min 以上，集中收集处理；兽药瓶使用后也要集中收集后处理。

7.供水系统消毒

用漂白粉按每千克饮水用 3～5 mg 或用 0.025%的百毒杀溶液消毒，每周 1 次。

二、紧急消毒

也称即时消毒。猪群中少数猪发生一般性疫病或突然死亡时，对猪栏局部强化消毒，对猪只进行隔离处理。或者是周围猪场有传染病发生时，猪场采取紧急消毒。

(一)病毒性传染病

如有病猪，把病猪转入隔离舍后对原圈进行彻底清扫和清洗，过道和料槽(喂料器)用 3%火碱消毒后晾干，再用次氯酸钠二次消毒；地面、天花板、柱梁、墙窗、沟道均要清扫后消毒。器械、废弃物等尽可能焚烧消毒，或浸于 3%碱水中隔日丢弃。母猪产床、限位栏及仔猪保育床在上述消毒后局部可用火焰喷射器灼烧。

猪瘟、猪流感、传染性胃肠炎、乙型脑炎等可比照此法行之。猪细小病毒、肠道病毒、腺病毒、口蹄疫、水痘疹、水疱病毒等适宜用碱水、次氯酸钠、福尔马林及碘剂等进行消毒。

(二)细菌性传染病

可比照上法行之，消毒剂可供选择的范围比较广泛。如大肠杆菌，对氯十分敏感，水中若有 0.2 mg/kg 游离氯存在，即能杀死本菌，5%石炭酸、3%来苏儿等 5 min 内可将其杀死。

(三)全场消毒

如有疫情，除发生疫情的圈舍重点消毒外，应对全厂进行消毒，消毒前清扫清理垃圾和废弃物，道路用 3%火碱喷洒，消毒要求全场统一进行。

三、终末消毒

对全场进行彻底清理后消毒。主要用于全场环境消毒、转群空舍后消毒或发生烈性传染病解除封锁前的大消毒。

终末消毒主要是全进全出后的空圈消毒，消毒设施包括栏舍、料槽、水槽等；可以采用下面的消毒方法。

首先清扫舍内垃圾和废弃物，房顶的蜘蛛网；然后用高压水枪彻底冲洗干净圈舍地面和墙壁，待猪舍晾干后用2%～4%火碱进行喷洒消毒，2 h后用高压水枪清理残余消毒液。对于曾发生疫情的栏圈，可用火焰喷射器灼烧。完毕后关闭舍内门窗，高锰酸钾和甲醛蒸熏消毒24 h，开窗通风备用。疫情严重时可重复消毒一次。

四、猪场消毒制度

消毒制度是猪场为减少生活区、生产区的病原微生物种类及数量，防止传染病的发生，根据本场自身疫病特点而制订的一般性消毒程序，属猪场饲养管理制度的范畴。以下以某猪场消毒操作规范为例，简要说明猪场消毒制度包含的内容。

(一)责任人

(1)技术场长全面负责消毒工作，负责制订消毒程序、消毒时间以及检查消毒效果，并对消毒效果做简单评估。

(2)各级生产主管组织实施消毒工作，以技术主任或岗位班长为首，组织本部门所辖圈舍的消毒，监督指导消毒过程的实施。检查消毒效果。

(3)猪场全体员工参与消毒工作，严格按照操作规程进行。

(二)项目

(1)生活区。办公室、食堂、宿舍及其周围环境每月大消毒一次。

(2)售猪周转区。周转猪舍、出猪台、磅秤、道路、种猪展示厅及周围环境每售一批猪后大消毒一次。

(3)生产区正门消毒池。每周至少更换池水、消毒药2次,保持有效浓度。雨雪天应视具体情况由主管安排更换消毒液的次数。

(4)车辆。进入生产区的车辆必须彻底消毒,随车人员消毒方法同生产人员一样。

(5)更衣室、工作服。更衣室每周末消毒一次,工作服每日一清洗,清洗时消毒。

(6)生产区环境。生产区道路两侧5 m内范围、猪舍间空地每月至少消毒2次。

(7)消毒池与盆。每周更换池、盆水、药至少2次,保持有效浓度。

(8)猪舍、猪群。配种怀孕舍每周至少消毒1次;分娩保育舍每周至少消毒2次,保育舍每周至少消毒2次,冬季消毒要控制好温度与湿度,防止腹泻。

(9)人员消毒。经过沐浴、更换工作服以后,进入猪舍人员必须脚踏消毒池,手洗消毒盆消毒。

(三)常见消毒药的使用

常用消毒药的使用方法见表6-1。

表6-1 常用消毒剂的使用方法

药物名称	配制浓度	使用范围及方法	注意事项
火碱	2%～4%	大门消毒池、道路、环境及猪舍空栏消毒	有强腐蚀性

续表 6-1

药物名称	配制浓度	使用范围及方法	注意事项
生石灰	直接用或调制成10%～20%石灰乳	道路、环境及猪舍墙壁、地面、污水沟	现配现用，久置易失效
强力消毒灵	1∶300	饲养场地、设施及带猪消毒	
过氧乙酸	0.5%～1%	饲养场地、设施、运输工具及带猪消毒	易挥发，宜现配现用
福尔马林	20 mL/m^3	主要用于熏蒸消毒	刺激性强
高锰酸钾	0.1%	皮肤、黏膜及深部伤口的冲洗	
碘酊	3%～5%	皮肤、伤口	
酒精	75%	皮肤、注射部位	易挥发

(四)消毒记录

消毒结束后，每个部门应填写“猪场消毒记录表”，生产人员进入厂区消毒后应签名登记(表 6-2)。

表 6-2　消毒记录表

消毒日期	消毒药名称	配制浓度	消毒地点	实施人

任务二　编制猪场防疫制度与计划

一、猪的免疫接种计划

免疫接种计划是根据疫情分布、疫病监测和猪群免疫状况进行的计划免疫。有计划的免疫可以用最少的人力和疫苗收到最大的免疫效果,防止漏种、错种及不必要的重种,并能准确地防止将要发生的新疫情,尽快缩小和消灭现有的疫情。

接种计划的基本内容包括:使用疫苗的种类、数量、供应时间、供应方法,接种对象,预算,分配和器械准备等。

二、各种猪群的防疫、用药程序

免疫程序应根据当地猪病流行情况制订,按表中规定的时间、用法、用量进行防疫。考虑到驱虫也应程序化,故列入表中。表中的时间、用量仅供参考,兽医人员可根据临床经验,制订符合本场的程序表。各种用途猪的防疫见表 6-3 和表 6-4。

表 6-3 仔猪和生长育肥猪的免疫用药程序

免疫时期	疫苗或药品名称	作用、用法、用量	产生免疫力的时间/d	免疫期	注意事项
3 日龄	铁钴针剂、牲血素	预防仔猪缺铁性贫血,每头 1 mL,肌肉注射			不可口服,有刺激性
14 日龄	伊维菌素,商品名"虫灭"	驱除体内线虫及体表螨虫、虱等,按标签说明使用			
21 日龄	猪瘟结晶紫弱毒冻干苗	猪瘟首次免疫,每头用 2~4 头份,稀释成 2 mL,肌肉注射	4	6 个月	
28 日龄	仔猪副伤寒弱毒菌苗	每头猪用 1 头份,稀释成 2 mL 肌肉注射,或稀释成 4~5 mL 口服	14	6 个月	用量不宜加大,以防震颤、不吃等反应
48 日龄	链球菌氢氧化铝菌苗	按标签说明使用	21	6 个月	
45~60 日龄	猪型口蹄疫油剂灭活苗	按标签说明使用	14	4 个月	

续表 6-3

免疫时期	疫苗或药品名称	作用、用法、用量	产生免疫力的时间/d	免疫期	注意事项
54 日龄	猪丹毒、猪肺疫二联苗	用氢氧化铝生理盐水稀释，每头猪用 2 头份，肌肉注射	14	6 个月	
70 日龄	猪瘟兔化弱毒冻干苗	猪瘟二次免疫，每头猪用 4 头份，肌肉注射	14	10 个月	
90 日龄	左旋咪唑或中成药，六合一、八合一等驱虫	驱除胃肠道线虫，按标签说明使用			

注：①有水肿病的地区应在断奶前后注射水肿病菌苗。②免疫日期可适当调整。

表 6-4　种猪的免疫程序

免疫时期	疫(菌)苗名称	作用、用法、用量	产生免疫力时间/d	免疫期	注意事项
每年春季与秋季	猪瘟结晶紫冻干苗	每头猪用 4 头份，肌肉注射	4	1 年	
每年夏季与冬季	猪瘟、猪丹毒、猪肺疫三联冻干苗	每头猪用 2 头份，用氢氧化铝稀释液稀释后，肌肉注射	14	6 个月	
每年秋冬季安排 2 次	猪型口蹄疫油剂灭活苗	按标签说明使用	14	4 个月	
后备种猪 7 个月	伪狂犬病弱毒疫苗	按标签说明使用	14	6 个月	每年安排 2 次防疫注射
后备种猪 7 个月	猪细小病毒油剂灭活疫苗	每头猪用 2 mL，肌肉注射，15 d 后加强免疫一次。	21	6 个月	每年安排 2 次防疫注射，种公猪也注射 2 次
配种前 1 个月	猪繁殖与呼吸综合征灭活疫苗	预防蓝耳病，按标签说明使用	21	6 个月	每年安排 2 次，种公猪、母猪均应注射
产前 15	大肠杆菌苗或 K88K99	每头猪 1 头份，肌肉注射	14	6 个月	

注：①种猪早期防疫程序与仔猪、生长猪防疫程序相同。②种母猪在春末夏初注射 1 次猪乙型脑炎疫苗。③根据当地疫病流行情况，防疫程序可增加或减少某些疫(菌)苗的注射。④驱虫可安排适当时间进行。

三、注意事项

制订猪场免疫接种计划和免疫程序之前，要求学生首先必须调查了解清楚猪场各种疫病的流行规律与流行特点，结合各种疫苗免疫期的长短，制订不同生理阶段、不同用途猪的免疫程序。

任务三　猪场驱虫

在规模化猪场，猪群密度高、饲养量大，寄生虫容易流行传播。寄生虫分为体内寄生虫(如蛔虫、结节虫、鞭虫等)和体外寄生虫(如疥螨、血虱等)，猪群感染寄生虫后不仅使体重下降、饲料转化效率低，严重时可导致猪只死亡，引起很大的经济损失，因此，正确地认识各类驱虫药物的作用特点，根据本猪场寄生虫的感染流行情况，合理地选用驱虫药以及科学地做好驱虫工作，是猪场兽医技术人员的一个重要任务。

一、猪场驱虫药物的选择

(一)有机磷酸酯类

用作驱虫的低毒有机磷化合物主要有敌百虫、敌敌畏、哈罗松、萘肽磷、蝇毒磷等，其中以敌百虫在集约化猪场的应用最广。

敌百虫为广谱驱虫药，对多数消化道线虫和部分吸虫(如姜片吸虫)有效，亦可杀灭体外寄生虫，如螨、蜱、蚤、虱等。

敌百虫的驱虫机理是能与虫体内胆碱酯酶结合导致乙酰胆碱蓄积，而使虫体肌肉先兴奋、痉挛，后麻痹直至死亡。敌百虫按80～100 mg/kg体重口服用药，对猪蛔虫、毛首线虫和食道口线虫，均有较好的驱除作用；敌百虫按1%浓度对猪的体表喷洒用药,对猪疥螨有一定的杀灭作用,但效果不够彻底;敌百虫对猪球虫类等原虫无效。

敌百虫虽属低毒的有机磷化合物(小鼠内服 LD_{50} =450 mg/kg),但其安全范围窄,容易引起中毒。解毒可应用阿托品或胆碱酯酶复活剂。一般轻度和中度中毒时单用阿托品(每千克体重 0.5～1 mg)即可,严重时与解磷定(每千克体重 15 mg)合用,效果较好。

使用敌百虫的注意事项:①本品毒性大,不要随意加大剂量。②本品的水溶液应现配现用,且禁止与碱性药物或碱性水质配合应用。③用药前后,禁用胆碱酯酶抑制药(如新斯的明、毒扁豆碱)、有机磷杀虫剂及肌松药(如琥珀胆碱),否则其毒性大大增强。④怀孕母猪及胃肠炎患猪禁用。⑤休药期不得少于 7 d。

(二)咪唑骈噻唑类

咪唑骈噻唑类药物主要有左旋咪唑和噻咪唑,其中以左旋咪唑在集约化猪场中的应用最广泛,该药又名左咪唑、左噻咪唑,为噻咪唑(四咪唑)的左旋体。左旋咪唑属广谱、高效、低毒的驱线虫药,其驱虫机理是:①抑制虫体肌肉延胡索酸还原酶的活性,阻断延胡索酸还原为琥珀酸,虫体糖代谢中止,肌肉 ATP 减少,导致虫体肌肉麻痹。②与虫体接触后,使处于静息状态的神经肌肉去极化,引起肌肉持续收缩而导致麻痹。

左旋咪唑有片剂、针剂和浇注剂(透皮剂)等多种剂型,可通过内服、注射和皮肤涂擦等途径给药。本品对猪蛔虫效果极佳;对食道口线虫效果良好;对毛首线虫效果不稳定;对猪疥螨和原虫类完全无效。

左旋咪唑使用注意事项:①左旋咪唑可引起肝功能变化,有肝病患猪禁用。②本品中毒症状似胆碱酯酶抑制剂,其 M-胆碱样效应为流涎,便频,胃肠蠕动加快,支气管平滑肌收缩,呼吸困难,心率减慢,瞳孔缩小等;其 N-胆碱样作用(肌肉震颤,血压先升后降,呼吸麻痹)表现较轻。阿托品可解除其中毒时的 M-胆碱样症状。③肌肉注射或皮下注射时,对组织有较强的刺激性。④内服给药的休药期不得少于 3 d;注射给药的休药期不得少于 7 d。

(三)苯骈咪唑类

苯骈咪唑类化合物自 20 世纪 60 年代初问世以来,相继合成了许多广谱、高效、低毒的驱虫药。主要有阿苯达唑、尼妥必敏、噻苯达、甲苯达唑、芬苯达唑、奥芬达唑、丙氧苯达唑、氟苯达唑、三氯苯达唑等,其中阿苯达唑是国内兽医临床使用最广的广谱、高效、低毒的驱虫药。

苯骈咪唑类药物驱虫作用的机理是干扰虫体的能量代谢:①抑制虫体延胡索酸还原酶的活性,阻断 ATP 的产生,导致虫体肌肉麻痹而死亡。②抑制虫体对葡萄糖的利用,导致 ATP 缺乏而产生驱虫作用。

阿苯达唑又名丙硫苯咪唑、丙硫咪唑,内服给药后迅速代谢为丙硫苯咪唑亚砜和砜,对常见的线虫、吸虫和绦虫均有驱虫效果。阿苯达唑按每千克体重 5～10 mg 给猪内服后对猪蛔虫、食道口线虫、毛首线虫等有良好的驱虫效力,但对猪疥螨和原虫类无效。

阿苯达唑使用注意事项:①本品有致畸作用,切忌大剂量连续应用。②休药期不少于 14 d。

(四)大环内酯类

大环内酯类驱虫药主要包括阿维菌素类和杀螨菌素类。前者包括阿维菌素、伊维菌素、多拉菌素(通灭,美国辉瑞)、埃普利诺菌素;后者包括摩西菌素、杀线虫菌素、杀螨菌素 D、杀螨菌素肟。目前应用最广泛的是伊维菌素。

伊维菌素为高效、广谱的驱肠道线虫药，对体外寄生虫亦有杀灭作用，但没有驱除吸虫和绦虫的作用。其作用机理是能在线虫的神经元及节肢动物的肌肉内增加抑制性神经递质γ-氨基丁酸（γ-GABA）的释放，GABA 能作用于突触前神经末梢，减少兴奋性递质释放，从而引起抑制，虫体麻痹死亡。由于吸虫和绦虫不利用 GABA 作为周围神经递质，因而对它们无作用。

伊维菌素按每千克体重 0.3 mg 皮下注射，按每千克饲料添加 20 mg 内服，对猪蛔虫、食道口线虫、疥螨等有极佳的驱虫效果；对毛首线虫有部分驱虫效果；但对猪球虫等原虫类无效。

伊维菌素应用注意事项：①皮下注射有局部刺激作用；②皮下注射及混饲给药的屠宰前休药期分别不少于 28 d 及 5 d。

（五）驱虫新药——虫力黑

通过对比前述集约化猪场流行的常见寄生虫与上述各种常用驱虫药的驱虫谱可看出，各种单方驱虫药都不能全面、彻底地驱除集约化猪场中的各种常见寄生虫。例如，左旋咪唑只能驱猪蛔虫和食道口线虫，对毛首线虫和疥螨无效；阿维菌素、伊维菌素能驱猪蛔虫、食道口线虫和疥螨，对毛首线虫只有部分效果。尤其是各种单方驱虫药对感染相当普遍的猪球虫（平均感染率高达 24.7%）完全没有驱虫效果。

虫力黑是由伊维菌素、阿苯达唑等药组成的复方制剂，除了能对猪各种常见寄生虫起到双重杀灭作用外，还扩宽了驱虫谱（包括猪球虫在内的各种常见寄生虫）及抗寄生虫范围，尤其是提高了对猪蛔虫和毛首线虫早期幼虫的驱虫效果。因此，虫力黑能做到全面、彻底地驱除集约化猪场中的各种常见寄生虫。

虫力黑的应用注意事项：虫力黑在集约化猪场中的配套使用

技术是“四加一”驱虫模式，即种猪一年驱虫 4 次，肉猪在保育阶段(60 日龄左右)驱虫一次。虫力黑是一种黑色粉末状预混剂，通过拌料给药，其添加剂量是，种猪(包括空怀母猪、怀孕母猪和公猪)：按每吨饲料添加 1 kg，连喂 5 d；中大肉猪、哺乳母猪：按每吨饲料添加 0.75 kg，连喂 5 d；保育仔猪(包括小猪)：按每吨饲料添加 0.5 kg，连喂 5 d。该药的安全性好，适用于包括怀孕母猪在内的任何阶段猪只使用，休药期不少于 14 d。

二、驱虫时间的确定

寄生虫对规模化猪场危害的季节性变化不显著，因此驱虫时机的选择应根据寄生虫对猪的危害程度决定。与传染病不同的是感染了寄生虫不一定发病，过度的驱虫会破坏寄生虫病“带虫免疫”的特性，适得其反，这是要引起注意的。

新购仔猪：进场后第 2 周躯体内外寄生虫一次。

后备猪：外引猪进场后第 2 周躯体内外寄生虫一次；配种前躯体内外寄生虫一次。

成年公猪：每年 2 月、6 月、10 月分别使用广谱驱虫剂进行 3 次驱虫。

成年母猪：在临产前 2 周躯体内外寄生虫一次。

育肥猪：35～40 日龄时驱虫一次。育肥猪驱虫前最好健胃。

三、驱虫注意事项

(1)驱虫方式。可以充分利用规模化养殖饲料生产工业化、母猪生产工厂化和全进全出的生产流程。可以选择全场同步驱虫，也可以在母猪分娩前或仔猪分圈前同步驱虫。但是对引入猪必须像预防传染病一样，先隔离驱虫后方可合群。

(2)对环境的消毒。寄生虫对环境的污染包括虫体和虫卵，也是重复感染的重要因素。除了对粪便采取堆积高温发酵杀灭虫卵外，对圈舍和污染环境、器具才用喷洒敌百虫、杀灭菊酯、双甲脒等进行“寄生虫”消毒，以巩固驱虫效果。

(3)重视对幼虫的驱杀。猪蛔虫等寄生虫的幼虫在动物体内有一个移行蜕变过程，同时会造成营养的丢失和脏器的损害，引起贫血、咳嗽、腹泻、消瘦等症状，影响仔猪和胎儿的生长发育。因此，在规模化猪场驱虫要选择对幼虫有强烈杀灭作用的药物。

(4)防止抗药性的产生。长期不合理使用驱虫药物，驱虫次数过于频繁，剂量过高过低和单一用药等是造成某些寄生虫产生抗药性的主要原因。合理使用和交叉使用驱虫药物，避免产生抗药性，保证驱虫效果。

(5)驱虫药物残留的利弊。在驱虫时，可以充分利用驱虫药物在动物体内的残留，延长药物的作用时间，以保护在一定时间内不再重复感染并对由虫卵孵化出的幼虫进行有效杀灭，这是有利的一方面。另一方面，药物的残留会影响动物产品对人类食品的安全性，需要设立停药期。

(6)不同饲养期与用药量。驱虫药物的剂量一般按体重给药；而在规模化猪场驱虫药物一般采用预混剂形式，按一定比例(一般为 10^{-6} 级)添加在饲料中投喂。两者的标准发生矛盾时，例如，同一母猪在空怀限饲、怀孕和哺乳等阶段，采食量显著不同，应按饲料和体重比相应调整。

(7)对环境中苍蝇、老鼠、猫、犬以及宠物的控制。规模化猪场环境和猪体表的苍蝇可以骚扰猪只和传播疾病，严重影响生长发育，已经引起重视。搞好猪群及猪舍内外的清洁卫生和消毒工作，定期做好灭鼠、灭蝇、灭蟑、灭虫等工作，消灭中间宿主，并严禁在猪场饲养猫、犬等宠物，避免其传播病原，以尽量减少猪场寄生虫病发生的机会。

(8)驱虫新药的研制。国内有关研究所研制开发了一系列高效低毒广谱的抗蠕虫新药。前期的研究结果表明,其不同于苯骈咪唑类药物,无致畸和无致突变现象、无激发虫体和对胃肠道的毒副作用,药物采用预混剂形式使用方便、适口性好,安全,可适用于不同生长阶段的仔猪、育肥猪、公猪和母猪。这些药物拥有我国的独立知识产权,是防治猪寄生虫病的理想的无毒无残留的"绿色驱虫药物"。经过中试有些已经获得了兽药生产许可证。

任务四　猪场预防用药及保健

一、初生仔猪(0～6日龄)

1. 目的

预防母源性感染(如脐带、产道、哺乳等感染),主要对大肠杆菌、链球菌等。

2. 推荐药物

①强力霉素、阿莫西林为每吨母猪料各加200 g连喂7 d。

②新强霉素饮水,每千克水添加2 g;或母猪拌料1周。

③长效土霉素母猪产前肌肉注射5 mL。

④仔猪吃初乳前口服庆大霉素、氟哌酸1～2 mL或土霉素半片。

⑤微生态制剂(益生素),如赐美健、促菌生、乳酶生等。

⑥2～3日龄补铁、补硒。

二、开食前后仔猪(5～10 日龄)

1. 目的

控制仔猪开食时发生感染及应激。

2. 推荐药物

恩诺沙星、诺氟沙星、氧氟沙星及环丙沙星。饮水:每千克水加 50 mg;拌料:每千克饲料加 100 mg。新霉素,每千克饲料添加 110 mg,母仔共喂 3 d。强力霉素、阿莫西林:每吨仔猪料各加 300 g 连喂 7 d。上述方案中都添加维生素 C 或多维或电解质抗应激添加剂。

三、断奶前后仔猪(21～28 日龄)

1. 目的

预防气喘病和大肠杆菌病等。

2. 推荐药物

普鲁卡因青霉素＋金霉素＋磺胺二甲嘧啶,拌喂 1 周;新霉素＋强力霉素,拌料 1 周;氟苯尼考拌料连喂 7 d;土霉素碱粉或氟甲砜霉素,每千克饲料拌 100 mg,拌料 1 周;上述方案中都添加维生素 C 或多维或电解质抗应激添加剂。

四、小猪(60～70 日龄)

1. 目的

预防喘气病及胸膜肺炎、大肠杆菌病和寄生虫。

2. 推荐药物

氟苯尼考或支原净或泰乐菌素或土霉素钙预混剂,拌料 1 周;喹乙醇拌料;选用伊维菌素、阿维菌素等驱虫药物进行驱虫,可采用混饲或肌肉注射。

五、育肥或后备猪

1.目的

预防寄生虫和促进生长。

2.推荐药物

①氟苯尼考或支原净或泰乐菌素或土霉素钙预混剂，拌料1周。

②促生长剂，可添加速大肥和黄霉素等。

③驱虫用药，伊维菌素、阿维菌素等驱虫药物拌料驱虫。

六、成年公、母猪

1.目的

后备、空怀猪和种公猪：驱虫、预防喘气病及胸膜肺炎；怀孕母猪、哺乳母猪：驱虫、预防喘气病、预防子宫炎。

2.推荐药物

氟苯尼考或支原净或泰乐菌素，拌料，脉冲式给药；伊维菌素、阿维菌素等驱虫药物拌料驱虫1周，半年一次；可在分娩前7 d到分娩后7 d，强力霉素或土霉素钙拌饲1周。

可在分娩当天肌肉注射青霉素每千克体重1万～2万U，链霉素每千克体重100 mg，或肌肉注射氨苄青霉素每千克体重20 mg，或肌肉注射庆大霉素每千克体重2～4 mg，或长效土霉素5 mL。

规模化猪场预防保健及常见普通病药物防治见表6-5至表6-7。

表 6-5　规模化猪场预防保健表

猪别	日龄(时间)	用药目的	使用药物	剂量	用法
公猪	每月或每季度一次	预防呼吸道疾病	支原净	150 g/t	连续 7 d 混饲给药
			土霉素钙盐预混剂	1 kg/t	连续 7 d 混饲给药
		驱虫	伊维菌素预混剂	1 kg/t	连续 7 d 混饲给药
后备母猪	进场第一周	预防呼吸道疾病	氟苯尼考预混剂 2%	1 kg/t	连续 7 d 混饲给药
			泰乐菌素	200 mg/kg	连续 7 d 混饲给药
		抗应激	抗应激药物	按说明	连续 7 d 混饲给药
	配种前 1 周	抗菌	长效土霉素	5 mL	肌肉注射 1 次
母猪	产前 7～14 d	驱虫	伊维菌素预混剂	2 kg/t	连续 7 d 混饲给药
	产前 7 d 至产后 7 d	预防产后仔猪呼吸道及消化道疾病/母猪产后感染	强力霉素	200 g/t	连续 7～14 d 混饲给药
			阿莫西林	200 g/t	连续 7～14 d 混饲给药
	断奶后	母猪炎症	长效土霉素	5 mL	肌肉注射 1 次

续表 6-5

猪别	日龄(时间)	用药目的	使用药物	剂量	用法
商品猪	吃初乳前	预防新生仔猪黄痢	庆大霉素	1～2 mL	口服
	3 日龄内	预防缺铁性贫血	补铁剂	1 mL/头	肌肉注射
		补硒、提高抗病力	亚硒酸钠维生素 E	0.5 mL/头	肌肉注射
	补料第一周	预防新生仔猪黄痢	强力霉素	200 g/t	连续 7 d 混饲给药
			或阿莫西林	150 mg/kg	连续 7 d 混饲给药
	断奶前后一周	预防呼吸道及消化道疾病促生长抗应激	替米考星 抗应激药物	适量	连续 7 d 混饲给药
			先锋霉素	适量	连续 7 d 混饲给药
			或支原净粉 或阿莫西林粉 ＋抗应激药物	125 mg/kg 150 mg/kg 适量	饮水或混饲给药 7 d
		驱虫、促生长	伊维菌素预混剂	1 kg/t	连续 7 d 混饲给药
	转入生长育肥期第一周 (8～10 周龄)	驱虫、促生长	伊维菌素预混剂	1 kg/t	连续 7 d 混饲给药
		抗菌、促生长	氟苯尼考预混剂 2%	2 kg/t	连续 7 d 混饲给药
			土霉素钙盐预混剂	1 kg/t	连续 7 d 混饲给药
所有猪群	每周 1～2 次	常规消毒	消毒威或卫康或农福等	适量	带猪体猪舍内喷雾消毒

表 6-6　常见普通病药物防治一览表

病名	主要症状	药物预防	临床治疗
气喘病 （支原体肺炎）	体温不高 咳嗽、喘 腹式呼吸	支原净、泰乐菌素	卡那霉素与盐酸土霉素交替使用
胸膜肺炎	急性的体温高 咳嗽、喘 呼吸有拉风箱声	氟苯尼考、泰乐菌素	卡那霉素与盐酸土霉素交替使用
萎缩性鼻炎	歪鼻、鼻炎或流血、黑斑眼、脸变形	氟苯尼考、支原净、泰乐菌素、磺胺类	盐酸土霉素、卡那霉素、磺胺类
仔猪黄白痢	1周内黄痢、1～2周白痢	强力霉素、阿莫西林	庆大霉素、氟哌酸、痢特灵、痢菌净等。
应激综合征中暑	震颤、抽搐、体温高、呼吸困难、吐白沫	维生素C、矿物质、多维	冷水浴、氯丙嗪、碳酸氢钠、补液、放血
不明原因高热	体温41℃以上	通风，防暑降温	安乃近、青链霉素、复方胆汁
不明原因不食	食欲不振或废食	促胃健、小苏打、芒硝	青链霉素、复方胆汁、静脉注射补葡萄糖

续表 6-6

病名	主要症状	药物预防	临床治疗
流产	机械性流产、习惯性流产、疾病性流产	有流产先兆的用黄体酮等保胎药	已流产的用催产素、肌肉注射青链霉素、德利先或子宫内用药宫炎净等
子宫炎阴道炎	流出炎性或脓性分泌物	长效土霉素、磺胺类	宫炎净、宫得康
产后感染	流出炎性或脓性分泌物，有时带血	长效土霉素、青链霉素	青链霉素、宫炎净、宫得康等
产后瘫痪	后肢无力或倒卧不起	补钙	葡萄糖酸钙、维丁胶钙
产后泌乳障碍综合征	乳房炎、乳腺硬化、瞎乳头、少乳或无乳	亚硒酸钠维生素 E、呼乐芬	催乳药、安痛定、葡萄糖、催产素、盐酸普鲁卡因青霉素封闭疗法
便秘	粪便干燥或不排粪、起卧不安	促胃健、小苏打、芒硝	洗肠、灌服泻剂大黄、硫酸钠等、静脉注射补葡萄糖、按摩
体内外寄生虫病	疥螨，蛔虫等	伊维菌素、阿维菌素	伊维菌素、阿维菌素、敌百虫、左旋咪唑
僵猪	体重明显小，瘦弱，被毛粗乱	抗生素	维生素 B_1 ＋肌苷＋补铁剂
链球菌病	关节肿、神经症状	青霉素类、磺胺类	青霉素类、磺胺类

表 6-7　某猪场预防用药及保健表

预防病名	预防药名	用药对象	用药方法
仔猪贫血	血康或富来血	初生仔猪	1 mL/头肌肉注射一次
仔猪白肌病	亚硒酸钠维生素 E	初生仔猪	0.5 mL/头肌肉注射一次
仔猪黄痢	庆大霉素或兽友一针	初生仔猪	2 mL/头口服一次
	呼肠舒	产前产后母猪	1 kg/t 拌料 2 周
开食应激	开食补盐或维力康	5～7 日龄	2 包/100 kg,饮水 3 d
仔猪白痢	土霉素或痢菌净粉	2 周和 4 周龄	1 包/100 kg,饮水 3 d
断奶应激	维力康或开食补盐	4 周龄	2 包/100 kg,饮水 3 d
寄生虫病	帝诺玢	断奶后 1 周	2 kg/t 拌料 1 周
母猪产后感染	青、链霉素	产后母猪	子宫内用药
	德力先	产前母猪	5 mL/头次肌肉注射一次
母猪产后便秘及消化不良	维力康或小苏打或芒硝	产后母猪	拌料连用 1 周
其他猪病	呼诺玢或土霉素钙预混剂	后备猪及生长育肥猪	每隔 2～3 周拌料用 1 周
	泰乐菌素	妊娠猪	妊娠前期、后期各用药 1 周
	土霉素钙预混剂	公猪	每月用药 1 周

说明:①同一猪群使用预防药物抗生素时,注意更换品种以防产生耐药性。②“抗生素”没有具体指定部分,由技术人员根据具体情况选择确定。

任务五　猪场常见传染病诊断与防制

一、猪口蹄疫

(一)临床诊断要点

体温升高到 40℃以上;成年病猪以蹄部水疱为主要特征,口腔黏膜、鼻端、蹄部和乳房皮肤发生水疱溃烂;仔猪多表现急性胃肠炎、腹泻以及心肌炎而突然死亡。

(二)预防与控制

免疫 O 型口蹄疫灭活油苗,所用疫苗的病毒型必须与该地区流行的口蹄疫病毒型相一致;选用对口蹄疫病毒有效的消毒剂。

后备母猪(4 月龄)、生产母猪配种前、产前 1 个月、断奶后 1 周龄时肌肉注射猪 O 型口蹄疫灭活油苗;所有猪在每年 10 月份注射口蹄疫灭活苗。

二、伪狂犬病

(一)临床诊断要点

公猪睾丸肿胀,萎缩,甚至丧失种用能力;母猪返情率高;妊娠母猪发生流产、产死胎、木乃伊;新生仔猪大量死亡,4～6 日龄是死亡高峰;病仔猪发热、发抖、流涎、呼吸困难、拉稀、有神经症状;扁桃体有坏死、炎症;肺水肿;肝、脾有直径 1～2 mm坏死灶,周围有红色晕圈;肾脏布满针尖样出血点。

(二)预防与控制

正发伪狂犬病猪场:用猪伪狂犬病 gE 基因缺失弱毒疫苗对

猪群进行紧急预防接种，4 周龄内仔猪鼻内接种免疫，4 周龄以上猪肌肉注射；2～4 周龄后所有猪再次加强免疫，并结合消毒、灭鼠、驱杀蚊蝇等全面的兽医卫生措施，以较快控制发病。

伪狂犬病阳性猪场：生产种猪群用猪伪狂犬病 gE 基因缺失弱毒疫苗，肌肉注射，每年 3～4 次免疫。

引进的后备母猪：用猪伪狂犬病 gE 基因缺失弱毒疫苗，肌肉注射，2～4 周龄后，再次肌肉注射加强免疫。

仔猪和生长猪：用猪伪狂犬病 gE 基因缺失弱毒疫苗，3 日龄鼻内接种，4～5 周龄鼻内接种加强免疫，9～12 周龄肌肉注射免疫。

三、猪繁殖与呼吸综合征

(一)临床诊断要点

怀孕母猪咳嗽，呼吸困难，怀孕后期流产，产死胎、木乃伊或弱仔猪，有的出现产后无乳；新生仔猪病猪体温升高 40℃以上，呼吸急促及运动失调等神经症状，产后 1 周内的仔猪死亡率明显上升。有的病猪在耳、腹侧及外阴部皮肤呈现一过性青紫色或蓝色斑块；3～5 周龄仔猪常发生继发感染，如嗜血杆菌感染；育肥猪生长不均；主要病变为间质性肺炎。

(二)预防与控制

母猪分娩前 20 d，每天每头猪给阿司匹林 8 g，其他猪可按每千克体重 125～150 mg 阿司匹林添加于饲料中喂服；或者按 3 d 给 1 次喂服，喂到产前 1 周停止，可减少流产；使用呼诺玢或恩诺沙星等控制继发细菌感染。后备猪：4 月龄时用弱毒苗首免，1～2 个月后加强免疫；仔猪：断奶后用弱毒苗免疫。

四、细小病毒病

(一)临床诊断要点

多见于初产母猪发生流产、死胎、木乃伊或产弱仔,以产木乃伊胎为主;经产母猪感染后通常不表现繁殖障碍现象,且无神经症状。

(二)预防与控制

防止把带毒猪引入无此病的猪场。引进种猪时,必须检验此病,才能引进;对后备母猪和育成公猪,在配种前一个月免疫注射;在本病流行地区内,可将血清学反应阳性的母猪放入后备种猪群中,使其受到自然感染而产生自动免疫;因本病发生流产或木乃伊同窝的幸存仔猪,不能留作种用。

五、日本乙型脑炎(流行性乙型脑炎)

(一)临床诊断要点

主要在夏季至初秋蚊子滋生季节流行。发病率低,临床表现为高热、流产、产死胎和公猪睾丸炎。死胎或虚弱的新生仔猪可能出现脑积水等病变。

(二)预防与控制

一旦确诊最好淘汰;做好死胎儿、胎盘及分泌物等的无公害处理;驱灭蚊虫,注意消灭越冬蚊;在流行地区猪场,蚊虫开始活动前1～2个月,对4月龄以上至2岁的公母猪,用乙型脑炎弱毒疫苗进行预防注射,第2年加强免疫1次。

六、猪传染性胃肠炎

(一)临床诊断要点

多流行于冬春寒冷季节,即12月至翌年3月。大小猪均可发病，特别是初生 24 h 至 7 日龄仔猪。病猪呕吐（呕吐物呈酸性）、水泻、明显的脱水和食欲减退。哺乳仔猪胃内充满凝乳块，黏膜充血。

（二）预防与控制

在疫病流行时，可用猪传染性胃肠炎病毒弱毒苗作乳前免疫。防止脱水、酸中毒，给发病猪群口服补液盐。使用抗菌药控制继发感染。用卫康、农福、百毒杀带猪消毒，1 d 一次，连用 7 d；以后每周 1～2 次。给妊娠母猪免疫（产前 45 d 和 15 d）弱毒苗。肌肉注射免疫效果差。若母猪未免疫，仔猪可口服猪传染性胃肠炎病毒弱毒苗。二联灭活苗作交巢穴（后海穴）（猪尾根下、肛门上的陷窝中）注射有效。

七、猪流行性腹泻

（一）临床诊断要点

多在冬、春发生。呕吐、腹泻、明显的脱水和食欲缺乏。传播也较慢，在 4～5 周内才传遍整个猪场，往往只有断奶仔猪发病，或者各年龄段均发的现象。病猪粪便呈灰白色或黄绿色，水样并混有气泡流行性腹泻。大小猪几乎同时发生腹泻，大猪在数日内可康复，仔猪有部分死亡。

（二）预防与控制

用猪流行性腹弱毒苗在产前 20 d 给妊娠母猪作交巢穴（后海穴）或肌肉注射。

八、猪链球菌病

（一）临床诊断要点

①新生仔猪发生多发性关节炎、败血症、脑膜炎，但少见。②仔猪和断奶仔猪发生运动失调，转圈，侧卧、发抖，四肢作游泳

状划动(脑膜炎)。剖检可见脑和脑膜充血、出血。有的可见多发性关节炎、呼吸困难。在急性病例,仔猪死亡而无临床症状。③肥育猪常发生败血症,发热,腹下有紫红斑,突然死亡。病死猪脾肿大。常可见纤维素性心包炎或心内膜炎、肺炎或肺脓肿、纤维素性关节炎、肾小球肾炎。④母猪出现歪头、共济失调等神经症状、死亡和子宫炎。⑤E 群链球菌可引起咽部、颈部、颌下局灶性淋巴结化脓。C 群链球菌可引起皮肤形成脓肿。

(二)预防与控制

给病猪肌肉注射抗菌药+抗炎药(如地塞米松),经口给药无效。目前较有效的抗菌药为头孢噻呋,每日每千克体重肌肉注射 5.0 mg,连用 3～5 d;青霉素+庆大霉素、氨苄青霉素或羟氨苄青霉素(阿莫西林)、头孢唑啉钠、恩诺沙星、氟甲砜霉素等。也有一些菌株对磺胺+甲氧苄氨嘧啶(TMP)敏感。肌肉注射给药连用 5 d。

做好免疫接种工作,建议在仔猪断奶前后注射 2 次,间隔 21 d。母猪分娩前注射 2 次,间隔 21 d,以通过初乳母源抗体保护仔猪。可制作使用自家灭活菌苗。

九、猪附红细胞体病

(一)临床诊断要点

猪附红细胞体病通常发生在哺乳仔猪、妊娠母猪以及受到高度应激的肥育猪。发生急性附红细胞体病时,病猪体表苍白,高热达 42℃。有时黄疸。有时有大量的瘀斑,四肢、尾特别是耳部边缘发紫,耳廓边缘甚至大部分耳廓可能会发生坏死。严重的酸中毒、低血糖症。贫血严重的猪厌食、反应迟钝、消化不良。母猪乳房以及阴部水肿 1～3 d;母猪受胎率低,不发情,流产,产死胎、弱仔。剖检可见病猪肝肿大变性,呈黄棕色;有时淋巴结水肿,胸腔、腹腔及心包积液。

(二)预防与控制

①猪附红细胞体现归类为支原体,临床上,常给猪注射强力霉素每天每千克体重 10 mg,连用 4 d,或使用长效土霉素制剂。对于猪群,可在每吨饲料中添加 800 g 土霉素(可加 130 mg/kg 阿散酸,以使猪皮肤发红),饲喂 4 周,4 周后再喂 1 个疗程。效果不佳时,应更换其他对支原体敏感药物,如呼诺玢、恩诺沙星、二氟沙星、环丙沙星、泰妙菌素、泰乐菌素或北里霉素、氟甲砜霉素等。预防时,作全群拌料给药,连用 7～14 d,或采取脉冲方式给药。②同时采取支持疗法,口服补液盐饮水,必要时进行葡萄糖输液,加 $NaHCO_3$。必要时给仔猪、慢性感染猪注射铁剂(200 g 葡萄糖酸铁/头)。③混合感染时,要注意其他致病因素的控制。④注射时换针头,断尾、剪齿、剪耳号的器械在用于每一头猪之前要消毒。定期驱虫,杀灭虱子和疥螨及吸血昆虫。防止猪群的打斗、咬尾。在母猪分娩操作中要带塑料手套。⑤防治猪的免疫抑制性因素及疾病,包括减少应激。

十、仔猪水肿病

(一)临床诊断要点

一般在断奶后 10～14 d 出现症状。多发于吃料太多、营养好、体格健壮的仔猪。突然发病。病猪共济失调,有神经症状,局部或全身麻麻痹。体温正常。病死猪眼睑、头部皮下水肿,胃底部黏膜、肠系膜水肿。

(二)预防与控制

发病猪的治疗效果与给药时间有关。一旦神经症状出现,疗效不佳。

断奶后 3～7 d 在饮水或料中添加抗菌药,如呼肠舒、氧氟沙星、环丙沙星等，连给1～2周。目前常用的抗菌药有强力霉素、氟甲砜霉素、新霉素、恩诺沙星等。使用抗菌药治疗的同时，配合使用地塞米松。对病猪还可应用盐类缓泻剂通便，以减少毒素的吸收。

十一、仔猪副伤寒

（一）临床诊断要点

多见于2～4月龄的猪。持续性下痢，粪便恶臭，有时带血，消瘦。耳、腹及四肢皮肤呈深红色，后期呈青紫色（败血症）。有时咳嗽。扁桃体坏死。肝、脾肿大，间质性肺炎。肝、淋巴结发生干酪样坏死，盲肠、结肠有凹陷不规则的溃疡和伪膜。肠壁变厚（大肠坏死性肠炎）。

（二）预防与控制

常用药物有氟甲砜霉素、新霉素、恩诺沙星、复方新诺明等，这些药物再配合抗炎药使用，疗效更佳。例如，氟甲砜霉素：口服每天每千克体重50～100 mg，肌肉注射每天每千克体重30～50 mg，疗程4～6 d，再配合地塞米松肌肉注射。病死猪要深埋，不可食用，以免发生中毒，对尚未发病猪要进行抗菌素药物预防。仔猪断奶后，免疫接种仔猪副伤寒弱毒冻干疫苗，肌肉注射口服均可。

十二、猪断奶后多系统瘦弱综合征

（一）临床诊断要点

该病多发于6～12周（5～14周，即断奶后3～8周），很少影响哺乳仔猪。病猪被毛粗糙，体表苍白，黄疸，有的皮肤有出血点，腹股沟淋巴结明显肿大。剖检病变为淋巴结肿大，但不出血，特别是腹股沟淋巴结、髂骨下淋巴结、肠系膜淋巴结。躯体消瘦、苍白，有时黄疸。肺呈橡皮样（间质性肺炎）。肝脏可能萎缩，呈青铜色。肾脏苍白，不一定出血，在肾皮质部常见白色病灶（间质性肾炎）。食道部、回盲口处溃疡。时常合并感染副猪嗜血杆菌病、沙门氏菌病、链球菌病、葡萄球菌病。

（二）预防与控制

对于猪断奶后多系统瘦弱综合征目前尚无有效的治疗方法。可使用敏感抗菌药控制继发感染。预防可采用一般的生物安全措施。

十三、猪喘气病（猪支原体肺炎）

（一）临床诊断要点

病猪咳嗽、喘气，腹式呼吸。两肺的心叶、尖叶和膈叶对称性发生肉变至胰变。自然感染的情况下，易继发巴氏杆菌、肺炎球菌、胸膜肺炎放线杆菌。应将本病与猪流感、猪繁殖与呼吸综合征、猪传染性胸膜肺炎、猪肺丝虫、蛔虫感染（多见于3～6月仔猪）等进行鉴别。

（二）预防与控制

①猪肺炎支原体对青霉素及磺胺类药物不敏感，而对氧氟沙星、恩诺沙星等敏感。目前常用的药物有：环丙沙星、氧氟沙星、恩诺沙星、二氟沙星、庆大霉素或丁胺卡那霉素、酒石酸泰乐菌素或北里霉素或泰妙菌素、利高霉素。母猪产前产后、仔猪断奶前后，在饲料中拌入100 mg/kg支原净，同时以75 mg/kg恩诺沙星的水溶液供产仔母猪和仔猪饮用；仔猪断奶后继续饮用10 d；同时需结合猪体与猪舍环境消毒，逐步自病猪群中培育出健康猪群。或以800 mg/kg呼诺玢、土霉素、金霉素拌料，脉冲式给药。②7～15日龄哺乳仔猪首免1次；到3～4月龄确定留种用猪进行二免，育肥不做二免。种猪每年春秋各免疫1次。

十四、猪胸膜肺炎

(一)临床诊断要点

常发于6周龄至3月龄猪。在急性病例,病猪昏睡、废食、高热。时常呕吐、拉稀、咳嗽。后期呈犬坐姿势,心搏过速,皮肤发紫,呼吸极其困难。剖检可见,严重坏死性、出血性肺炎,胸腔有血色液体。气道充满泡沫、血色、黏液性渗出物。双侧胸膜上有纤维素黏着,涉及心叶、尖叶。在慢性病例,病猪有非特异性呼吸道症状,不发热或低热。剖检可见,纤维素性胸膜炎,肺与胸膜粘连,肺实质有脓肿样结节。应将本病与猪流感、猪繁殖与呼吸综合征、单纯性猪喘气病等进行鉴别。

(二)预防与控制

仅在发病早期治疗有效。治疗给药宜以注射途径。注意用药剂量要足。目前常用的药物:呼诺玢、氧氟沙星或环丙沙星或恩诺沙星或二氟沙星、氟甲砜霉素或甲砜霉素、丁胺卡那霉素等。用包含当地的血清型的灭活菌苗进行免疫。在饲料中定期添加易吸收的敏感抗菌药物。

十五、猪肺疫(猪巴氏杆菌病)

(一)临床诊断要点

气候和饲养条件剧变时多发。急性病例高热。急性咽喉炎,颈部高度红肿。呼吸困难,口鼻流泡沫。咽喉部肿胀出血,肺水肿,有肝变区,肺小叶出血,有时发生肺粘连。脾不肿大。应将本病与猪流感、猪传染性萎缩性鼻炎、猪传染性胸膜肺炎、仔猪副伤寒、单纯性猪喘气病等进行鉴别。

(二)预防与控制

目前常用的药物见猪呼吸道病复合感染的有关部分。在用抗菌药肌肉注射的同时可选用其他抗菌药拌料口服。该病常继发于猪气喘病和猪瘟的流行过程中。猪场做好其他重要疫病的预防工作可减少本病的发生。

十六、猪丹毒

(一)临床诊断要点

多发生于夏天 3～6 月龄猪,病猪体温很高。多数病猪耳后、颈、胸和腹部皮肤有轻微红斑,指压退色,病程较长时,皮肤上有紫红色疹块,呕吐。胃底区和小肠有严重出血,脾肿大,呈紫红色。淋巴结肿大,关节肿大。病猪肌肉震颤,后躯麻痹。粪中带血,气味恶臭。全身皮肤瘀血,可视黏膜发绀,口腔、鼻腔、肛门流血。头部震颤,共济失调。胃及小肠黏膜充血、出血、水肿、糜烂。腹腔内有蒜臭样气味。脾肿大、充血,胸膜、心内外膜、肾、膀胱有点状或弥漫性出血。慢性病例眼瞎,四肢瘫痪。

(二)预防与控制

青霉素、氧氟沙星或恩诺沙星等治疗有显著疗效。及时用青霉素按每千克体重 1.5 万～3 万 U,每天 2～3 次肌肉注射,连用 3～5 d。绝大多数病例的疗效良好,极少数不见效,可选用氧哌嗪青霉素,若与庆大霉素合用,疗效更好。

十七、常见呼吸道疾病的综合防治

(一)加强饲养管理

①病猪隔离饲养,该淘汰的应及时淘汰;新引进的种猪隔离饲养 40 d 以上。

②坚持全进全出,分娩舍、保育舍应采取全进全出的生产方式。

③搞好卫生消毒工作,空栏时彻底清洗消毒,空置 3～7 d后,

再转入新的猪群。

④严禁将上一批病弱仔猪寄养到下一批。

⑤注意饲养密度，呼吸道病的发生与饲养密度密切相关，如条件差，密度应低一些(表 6-8)。

表 6-8 猪的饲养密度

猪别	体重/kg	每猪所占面积/m²	
		非漏缝地板	漏缝地板
断奶仔猪	4～11	0.37	0.26
	11～18	0.56	0.28
保育猪	18～25	0.74	0.37
育肥猪	25～55	0.90	0.50
	56～105	1.20	0.80
后备母猪	113～136	1.39	1.11
成年母猪	136～227	1.67	1.39

⑥注意通风和温度控制。

⑦减少应激，尽量减少猪群转栏和混群的次数；仔猪断奶不换圈、不换料；断奶后仔猪继续在产房饲养 3～7 d 后再转入保育舍；断奶前后几天尽量不打疫苗；各阶段换料要逐渐过渡。

⑧根据本地区及本场疫情实际情况进行免疫接种，科学地制订适合于本场的“免疫程序”并严格遵守执行。

(二)药物预防

1. 母猪

(1)使用药物。呼诺玢预混剂 2%，慢呼清。

(2)用法。配种后 2 周内或产前产后 2 周内，呼诺玢预混剂 2%混饲，1 kg/t，连用 1 周；或慢呼清饮水，每千克水加 1 g，连用 1～2 周。

2. 公猪、后备猪

(1)使用药物。呼诺玢预混剂 2%,慢呼清。

(2)用法。每隔 2~3 周,用 1 周,其他同上。

3. 仔猪

(1)使用药物。呼诺玢预混剂 2%。

(2)用法。整个哺乳期及断奶后 1 周,用呼诺玢预混剂 2%混饲,2 kg/t。

(3)严重时同时采取如下措施:①出生后 2 d 内,鼻腔喷雾丁胺卡那霉素。②9 日龄、16 日龄、23 日龄鼻内喷雾磺胺药物。

4. 保育猪、育肥猪

(1)使用药物。呼乐芬,禽立清(丁胺卡那)。

(2)用法。转群变料后 1 周,呼诺玢粉混饲,0.5 kg/t,连用 1 周;或禽立清(丁胺卡那)粉饮水,每千克水加 2 g,连用 1 周;或"酒石酸泰乐菌素+磺胺二甲嘧啶钠(SM2-NA)",混饲或饮水,"110 mg/kg+110 mg/kg"。

(3)药物治疗。治疗时,应坚持治疗药物与预防药物相分开。推荐的治疗药物有:呼诺玢注射液 30%、克喘黄金、正气、气爽、德利先、卡那霉素、盐酸土霉素等针剂。用法见说明书。

另外,要坚持个别治疗与全群投药相结合;呼吸道病发生时,对症状严重的猪实行肌肉注射或喷鼻个别治疗,全群猪应进行混饲或饮水投药;症状消失后,应继续使用 1 个疗程,以防复发;若呼吸道病发病率很高且较为严重,应对各猪群以一定的时间间隔脉冲式预防或治疗用药,如 1 周用药,2~3 周停药的方式用药,可降低发病率,对本病进行有效控制。

十八、仔猪黄白痢综合防治措施

(1)若哺乳仔猪下痢严重,母猪产前产后两周投喂抗生素,如：呼肠舒（林可＋壮观霉素），1 kg/t，连续 7～14 d 混饲给药；土霉素钙盐预混剂，1 kg/t，连续 7～14 d 混饲给药；慢呼清（新霉素＋强力霉素），1 kg/t，连续 7～14 d 混饲给药。

（2）加强免疫，妊娠母猪肌肉注射大肠杆菌苗。

（3）临产母猪上产床前冲洗消毒并躯体内外寄生虫一次，可根据情况选用：帝诺玢（伊维菌素）2 kg/t，连续 7 d 混饲给药；净诺玢（阿维菌素）0.5 kg/t，连续 7 d 混饲给药；或用敌百虫、左旋咪唑、通灭、倍特等。

（4）分娩舍空闲时应彻底冲洗消毒并进行环境驱虫。一般要求程序是：清扫卫生→水冲洗→烧碱消毒→晾干后卫康 1∶300 二次消毒（严重的场用火焰消毒或熏蒸消毒）→转入临产猪。

（5）母猪产前用高锰酸钾水溶液（0.1%）擦洗母猪乳房、外阴部。挤掉头几滴奶。

（6）接产时用具、接产员手臂严格消毒。

（7）若哺乳仔猪下痢严重，产后仔猪吃初乳前口服抗菌药物，如百利星（复方乙酰甲喹）1～2 mL；兽友一针（诺氟沙星）1 mL；烟酸诺氟沙星 1 mL；或用土霉素片 0.5 片、庆大霉素 1～2 mL。

（8）仔猪 2 日内补铁（血康 1～2 mL）、补亚硒酸钠维生素 E 0.5 mL，提高仔猪抗病能力。

（9）坚持产房每个单元全进全出，严禁上一批弱仔寄养到下一批产房。

（10）母猪产前、产后 1 周拌喂小苏打或芒硝。

（11）对患病母猪及时治疗。

（12）断脐、断尾、去势时严格消毒。

（13）仔猪 5～7 日龄开食补料，勤添少添，保持新鲜。

（14）注意保温，分别搞好室内及保温箱的保温工作（表 6-9）。

表 6-9　各类型猪的最佳温度与推荐的适宜温度

猪类别	年龄	最佳温度/℃	推荐的适宜温度/℃
仔猪	初生几小时	34～35	32
	1 周内	32～35	30～32(1～3 日龄)
			28～30(4～7 日龄)
	2 周	27～29	25～28
	3～4 周	25～27	24～26
保育猪	4～8 周	22～24	20～21
	8 周后	20～24	17～20
育肥猪		17～22	15～23
公猪	成年公猪	23	18～20
母猪	后备及妊娠母猪	18～21	18～21
	分娩后 1～3 d	24～25	24～25
	分娩后 4～10 d	21～22	24～25
	分娩 10 d 后	20	21～23

(15)保持卫生,定期消毒[每周带猪消毒 2 次,卫康 1∶(500～1 000)];注意湿度。

(16)小猪寄养时,不能把正在下痢的仔猪寄养到健康窝群中。

(17)产房内尽量减少人员出入,出入人员严格消毒。

(18)定期做药敏试验,筛选敏感药物。每种药物连续使用一个疗程,无效后换药。若无药物敏感试验结果,目前推荐的治疗药物有:W-h 特效肠炎灵、百利星、百利金针、兽友一针、烟酸诺氟沙星;或用庆大霉素、氟哌酸等。

(19)治疗时除抗生素等药物外,要酌情对症使用辅助治疗药物如阿托品、维生素 B_{12}、维生素 C 等。脱水严重的要腹腔补液或口服补液盐。

(20)发现一头,全窝治疗。换窝治疗时,要换针头。病猪治疗采用专用注射器,注意器械用后消毒。

【测评作业】

1.模拟现实生产情况,设计由场外到场内的人员、车辆消毒;生产人员由生活区进入生产区消毒;生产人员进入猪舍消毒等过程中常用的消毒剂及消毒方法。

2.列举猪场常用的驱虫药并说明其使用方法、注意事项。

3.简述猪的防疫、用药程序。

【考核评价】

保健与防疫技能考核评价表

<table>
<tr><td>专业班级</td><td></td><td>姓名</td><td></td><td>学号</td><td></td></tr>
<tr><td colspan="6">一、考核内容与标准
说明:总分 100 分,分值越高表明该项能力或表现越佳,综合得分≥90 为优秀,75≤综合得分<90 为良好,60≤综合得分<75 为合格,综合得分<60 为不合格。</td></tr>
<tr><td>考核项目</td><td>考核内容</td><td colspan="3">考核标准</td><td>得分</td></tr>
<tr><td rowspan="7">过程考核</td><td>操作态度(10 分)</td><td colspan="3">积极主动,服从安排</td><td></td></tr>
<tr><td>合作意识(10 分)</td><td colspan="3">积极配合员工,善于合作</td><td></td></tr>
<tr><td>猪场消毒(10 分)</td><td colspan="3">联系生产实际,条理清楚、内容准确完整</td><td></td></tr>
<tr><td>猪场免疫(10 分)</td><td colspan="3">联系生产实际,条理清楚、内容准确完整</td><td></td></tr>
<tr><td>猪场驱虫(10 分)</td><td colspan="3">联系生产实际,条理清楚、内容准确完整</td><td></td></tr>
<tr><td>猪群保健(10 分)</td><td colspan="3">联系生产实际,条理清楚、内容准确完整</td><td></td></tr>
<tr><td>常见病诊断与防治(20 分)</td><td colspan="3">联系生产实际,条理清楚、内容准确完整</td><td></td></tr>
</table>

续表

考核项目	考核内容	考核标准	得分
结果考核	结果综合判断（10分）	条理清楚、内容准确完整	
	实习记录与总结（10分）	实习记录完整，字迹工整，总结报告结构完整，体会深刻，上交及时	
合计			
综合分数：______分　优秀（ ）　良好（ ）　合格（ ）　不合格（ ）			
二、综合评价 （该学生是否掌握了该岗位的专业知识、专业技能及掌握程度，能否通过该岗位技能考核） 考核人签字： 年　月　日			

说明：此表由校内教师或者企业指导教师填写。

养猪与猪病防治考评内容及评分等级标准

序号	考评项目	考评任务	考评方法	评分等级与标准
一	公猪舍生产与管理	1. 种公猪饲养与管理 2. 公猪的利用与精液处理	在规模化养猪场或实验室进行，根据实际操作情况与口述综合评定	优：能独立完成各项考评内容，操作规范熟练；编制的饲养管理制度科学、合理、全面且可操作性强；各项指标符合配方要求。 良：能独立完成各项考评内容，某二项操作规范熟练；编制的饲养管理制度基本符合要求；各项指标基本符合配方要求。 及格：在指导老师帮助下完成各项考评内容，某一项操作规范熟练；编制的部分制度基本符合要求；50%以上的指标基本符合配方要求。 不及格：在指导老师帮助下仍不能完成各项考评内容，操作不规范；回答问题多有差错

续表

序号	考评项目	考评任务	考评方法	评分等级与标准
二	配种妊娠舍生产与管理	1. 配种前母猪的饲养管理 2. 母猪的发情鉴定 3. 输精 4. 母猪的妊娠诊断 5. 妊娠母猪的饲养管理	在规模化养猪场或实验室进行，根据实际操作情况与口述综合评定	优:在规定时间内能独立完成各项考评内容，操作规范熟练;编制的饲养管理制度、计划科学、合理、全面且可操作性强;回答问题无差错。 良:在规定时间内能独立完成各项考评内容，某三项操作规范但不熟练;编制的饲养管理制度、计划基本符合要求;回答问题基本完整。 及格:在指导老师帮助下完成各项考评内容，操作规范但不熟练;编制的部分制度、计划基本符合要求;回答问题有错误。 不及格:在指导老师帮助下仍不能完成各项考评内容,操作不规范,态度不认真;回答问题多有差错
三	分娩舍生产与管理	1. 分娩母猪的饲养管理 2. 泌乳母猪的饲养管理 3. 哺乳仔猪的饲养管理	在规模化养猪场或实验室进行，根据实际操作情况与口述综合评定	优:在规定时间内能独立完成:①接产前准备充分,②接产操作技术熟练,③仔猪护理技术正确,④完成接产及护理后续工作,仔猪成活率高。各项操作规范且熟练;回答问题全面正确。 良:基本完成以上操作步骤;回答问题基本正确。 及格:在教师指导下完成以上操作步骤,所用时间较长。 不及格:不能完成操作步骤
四	保育舍生产与管理	1. 断乳仔猪的饲养管理 2. 后备猪的饲养管理	在规模化养猪场或实验室进行，根据实际操作情况与口述综合评定	优:在规定时间内能独立完成各项考评内容，操作规范熟练;编制的饲养管理制度、计划科学、合理、全面且可操作性强;回答问题无差错。 良:在规定时间内能独立完成各项考评内容，某三项操作规范但不熟练;编制的饲养管理制度、计划基本符合要求;回答问题基本完整。 及格:在指导老师帮助下完成各项考评内容，操作规范但不熟练;编制的部分制度、计划基本符合要求;回答问题有错误。 不及格:在指导老师帮助下仍不能完成各项考评内容,操作不规范,态度不认真;回答问题多有差错

续表

序号	考评项目	考评任务	考评方法	评分等级与标准
五	生长育肥舍生产与管理	1. 生长育肥猪的饲养管理 2. 提高生长育肥猪生产力的主要技术措施	在规模化养猪场或实验室进行，根据实际操作情况与口述综合评定	优：在规定时间内能独立完成各项考评内容，操作规范熟练；编制的饲养管理制度、计划科学、合理、全面且可操作性强；回答问题无差错。 良：在规定时间内能独立完成各项考评内容，某三项操作规范但不熟练；编制的饲养管理制度、计划基本符合要求；回答问题基本完整。 及格：在指导老师帮助下完成各项考评内容，操作规范但不熟练；编制的部分制度、计划基本符合要求；回答问题有错误。 不及格：在指导老师帮助下仍不能完成各项考评内容，操作不规范，态度不认真；回答问题多有差错
六	猪病防治	1. 猪场消毒 2. 编制猪场防疫制度与计划 3. 猪场驱虫 4. 猪场预防用药及保健 5. 猪场常见传染病诊断与防治	在规模化养猪场或兽医院进行，根据实际操作情况与口述综合评定	优：能独立完成各项考评内容，操作规范熟练；编制的饲养管理制度与计划科学、合理、全面且可操作性强。 良：能独立完成各项考评内容，某四项操作规范熟练；编制的饲养管理制度与计划基本符合要求。 及格：在指导老师帮助下完成各项考评内容，某三项操作基本规范熟练；编制的部分制度与计划基本符合要求。 不及格：达不到及格标准

参考文献

[1] 魏刚才，苗志国．怎样科学办好中小型猪场．北京：化学工业出版社，2009.
[2] 王佳贯．高效健康养猪关键技术．北京：化学工业出版社，2009.
[3] 刘作华．猪规模化健康养殖关键技术．北京：中国农业出版社，2009.
[4] 徐旺生．中国养猪史．北京：中国农业出版社，2009.
[5] 叶永能．绿色无公害生猪高效生产配套技术．北京：中国农业科学技术出版社，2009.
[6] 修金生．健康养猪新技术．福州：福建科学技术出版社，2009.
[7] 吴敏秋．兽医实验室诊断手册．南京：江苏科学技术出版社，2009.
[8] 曲万文．现代猪场生产管理实用技术．北京：中国农业出版社，2008.
[9] 代广军，吴志明，苗连页．规模养猪精细管理及新型疫病防控技术．北京：中国农业出版社，2007.
[10] 李立山，张周．养猪与猪病防治．北京：中国农业出版社，2007.
[11] 王玉群，黄大鹏．畜禽生产．哈尔滨：黑龙江人民出版社，2005.
[12] 吴增坚．养猪场猪病防治（修订版）．北京：金盾出版社，2005.
[13] 郑友民．中国养猪．中国农业科学技术出版社，2005.

[14] 张金枝. 瘦肉型母猪饲养技术手册. 上海:上海科学技术出版社,2005.
[15] 费恩阁,李德昌,等. 动物疫病学. 北京:中国农业出版社,2004.
[16] 周新民. 兽医操作技巧大全. 北京:中国农业出版社,2004.
[17] 崔中林. 规模化安全养猪综合新技术. 北京:中国农业出版社 2004.
[18] 苏振环. 现代养猪实用百科全书. 北京:中国农业出版社,2004.
[19] 王林云. 养猪词典. 北京:中国农业出版社,2004.
[20] 吴学军. 猪的饲养管理与疾病防治. 哈尔滨:哈尔滨地图出版社,2004.
[21] 王晔,郭金彪. 母猪多胎高产关键技术. 广州:广东科技出版社,2004.
[22] 陈青明,王连纯. 现代养猪生产. 中国农业大学出版社,1997.
[23] 路兴中,等. 现代猪肉生产理论与实践. 北京:中国农业科技出版社,1994.
[24] 杨和平,杨慧萍. 养猪与猪病防治. 杨凌:西北农林科技大学出版社,2005.
[25] 肖乃志. 养猪与猪病防治实用技术. 杨凌:西北农林科技大学出版社,2004.
[26] 刘太宇. 畜禽生产技术实训教程. 北京:中国农业大学出版社,2008.
[27] 潘琦. 畜禽生产技术实训教程. 北京:化学工业出版社,2009.
[28] 陈焕春. 规模化猪场疫病控制与净化. 北京:中国农业出版社,2000.
[29] 谢庆阁. 口蹄疫. 北京:中国农业出版社,2004.

[30] 宣长和,孙福先. 猪病学. 2 版. 北京:中国农业科学技术出版社,2003.

[31] 杨公社. 猪生产学. 北京:中国农业出版社,2002.

[32] 王爱国. 现代实用养猪技术. 北京:中国农业出版社,2002.

[33] 丁洪涛. 畜禽生产. 北京:中国农业出版社,2001.

[34] 李宝林. 猪生产. 北京:中国农业出版社,2001.

[35] 李和国. 猪的生产与经营. 北京:中国农业出版社,2001.

[36] B·E·斯特劳,等. 猪病学. 8 版. 赵德明,张中秋. 沈建中,译. 北京:中国农业大学出版社,2000.

[37] 蔡宝祥. 家畜传染病学. 4 版. 北京:中国农业出版社,2001.

[38] 白文彬,于康震. 动物传染病诊断学. 北京:中国农业出版社,2002.

[39] NY/T 636—2002,猪人工授精技术规程. 北京:中国标准出版社,2002.

[40] NY/T 65—2004,猪饲养标准. 北京:中国标准出版社,2004.